創造人与自然和谐之美

Creating the Harmonious Relationship between the Human World & Nature

普邦园林

作品集Ⅲ PB-LANDSCAPE COLLECTION Ⅲ

广州普邦园林股份有限公司 编

江苏凤凰科学技术出版社

普邦园林作品集Ⅲ
PB-LANDSCAPE COLLECTION Ⅲ

前言 / *Preface*

"人与自然和谐相处"是当今中国乃至世界发展潮流中最为重要且深刻的命题之一。我国把"生态文明建设"列入五年规划，这项命题定将得到最宽广、最深远的阐释，并造就不可估量的影响。

普邦园林公司，在时代的潮流中，始终立于园林行业前列，当仁不让地肩负起了历史与社会赋予的使命和责任，孜孜不倦地为我国的生态文明建设，竭尽绵薄之力，以飨社会。

20 年来，普邦人以"创造人与自然和谐之美"作为企业宗旨，致力于打造以人为本、融和自然、和谐宜居的园林景观精品。在"以质量赢得市场，以精品铸造品牌"的产品理念指导下，成功完成 1000 多项设计、施工项目，创造出风格成熟、独具特色的系列园林精品，赢得了客户、市场、社会的高度赞许。

本书从近年普邦园林公司成功案例中择取特色鲜明、风格典型的项目 31 项，延续作品集一、二册的展示方式，基于行业关注热点以及企业发展动态将其归纳总结为 6 个部分，分别为滨海生态建设和生态修复建设、生态化休闲和生态体验园林建设、低价高效园林建设、低干扰开发园林实践、地域文化园林建设及多样化园林。本书侧重地展现出普邦人在面对不同场地时所采用的规划设计理念、建设思路方法、工程建造手段以及最终的景观效果。

"千淘万漉虽辛苦，吹尽狂沙始到金"，在生态文明建设的宏伟蓝图中，园林行业必然迎来更多的机遇与挑战。普邦人有志与社会各界一起，坚定于对生态文明的本质追求，为推动园林行业的发展，为建设美丽中国的理想与目标，不断迈向卓越，奋力前行。

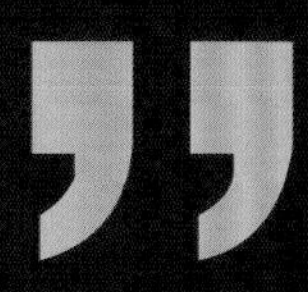

CONTENTS 目录

第四部分 低干扰开发园林实践
Development of low interference landscape practice

第五部分 地域文化园林建设
Regional culture landscape construction

第六部分 多样化园林
Diversification landscape architecture

第一部分

滨海生态建设和生态修复建设

Coastal ecological construction and ecological restoration

以生态为导向的滨海园林建设

“

近年来，随着城市园林建设的发展以及人们对景观生态学的进一步研究，生态学的相关理论、原则、方法已经开始指导园林建设，如何将生态学和城市园林建设有机地结合起来，建设园林生态城市，已成为当今城市建设所关注的话题。生态学是研究景观的空间结构和形态特征对生物活动影响的科学，包括景观区域尺度上的环境、资源、管理等问题。生态学在园林建设中的应用使得城市的园林建设更加符合生态学意义，并促进园林城市生态建设走上可持续发展的道路。

In recent years, with the development of urban landscape construction and the further research of landscape ecology, ecology theories, principles, methods have begun to guide the landscape construction, how to combine ecology and the urban landscape construction organically and construct the Ecological Garden City has become the hot topic in city construction field. Ecology is the scientific research of landscape spatial structure and morphological characteristics on the influence of biological activities, including environment, resources, management and other issues on a regional scale landscape. The application of ecology in the landscape construction make the city landscape construction much more fit in with the ecological significance, and promote the construction of ecological garden city on the road of sustainable development.

”

以生态为导向的滨海园林建设

Coastal landscape construction with ecological oriented

一、引言

20 世纪中叶，随着城市滨海区域的复兴，世界范围内掀起滨海区域环境开发的热潮。美国巴尔的摩内港改造是城市滨海地区设计的开端，较著名的则有西班牙的巴塞罗那港改造、日本横滨的填海新区项目以及大阪的 “宇宙广场”等。20 世纪 80 年代后，我国沿海城市开始涌现出一批滨海新区，如天津的滨海新区、厦门本岛的滨海地段、海口西海岸设计、深圳沿海地区概念性规划等。我国滨海地区具有阳光充足、视野开阔、景观资源丰富等特点，人文活动、商业活动和社会活动较多，具有显著的经济效益和社会效益。一般情况下，滨海地区具有多样的功能需求，旅游度假、滨海住宅、商业综合体、滨海公园，这些城市需求催生相应的海洋文化景观类型，如码头文化景观、滨海景观绿道、滨海广场、沙滩浴场等。国外学者对于城市滨海区的设计已经有了较为完善的理论研究和成功的案例，但我国却较少涉及，更未形成完整的城市滨海地区设计理论体系。

滨海作为陆地生态系统与海洋生态系统相交接的特定空间，是最具价值的生态系统之一，是人类赖以生存和发展的宝贵财富，同时也是城市文化与自然生态相融合的区域。随着我国滨海地区的经济发展，开发活动不断加剧，自然资源消耗急剧加快，从而引发滨海环境恶化、红树林消失、湿地缩减、生物多样性下降等一系列的生态退化问题，并严重威胁到滨海地区经济的可持续发展。滨海生态系统的保护与生态修复的研究，已成为国际上生态学研究的热点。滨海地段是滨海景观最主要、最具发展潜力和影响力的地段，这里有大量的海洋资源和生态资源，但目前缺乏开发建设与生态保护协调一致的整体思路与构想，迫切需要进行系统的分析研究以指导开发建设。以往采取的"先土建再造景"的开发建设模式，造成了前期投入大、后期养护成本高、变相生态掠夺、可持续性差等问题。如何以生态学为基础，结合滨海景观的区域特色及发展规划，针对不同地域开发特点，提供一套较完整的生态化设计指导方案，对充分发掘和营造滨海景观地域特色和可持续开发建设具有重要的指导意义。

二、滨海生态建设存在的问题

近十年来，滨海地区一直保持着快速的发展态势，如现代化工业基地建设加快、出口和利用外资增势强劲、固定资产投资高位运行、港口的贸易和物流功能增强、服务业发展空间扩大等，但滨海景观要坚持可持续发展，仍需进一步探讨研究。

（一）滨海自然景观资源浪费或破坏

一些滨海城市规划前期缺乏整体考虑，将工业或农业生产布置于优质海岸线，对自然景观和人文景观潜在的经济效益缺乏认知，造成景观资源的浪费。

（二）海岸线侵蚀较严重

海岸线的侵蚀包括自然因素和人为因素。潮汐、台风、不合理的人工建筑、水产业养殖等均对滨海生态造成负面影响。

（三）滨海景观旅游资源布局不合理

优质资源被忽略，部分资源过度开发而超出生态环境负荷。

（四）千城一律，生态建设缺乏景观识别性

空间布局、景观风格、植物种类以及动物资源等均为当地的景观资源，不同的城市应做到因地制

宜，体现当地景观特色。较多滨海城市对本土植物缺少应用而倾向于选择热带或亚热带植物。

（五）管理混乱，生态预警机制不完善

滨海区域被多种单位分割，彼此缺乏协调，管理目标不明确，行动不统一，生态预警机制不完善，不能及时发现生态问题并做出应对。

三、滨海景观建设思路

（一）综合分析，整体规划

为实现滨海景观生态效益、经济效益和社会效益最优化，在建设前期应对该地区的地理条件、植物种类、景观类型、环境质量等进行综合分析，在此基础上结合城市定位、建设目标和经济情况等进行整体规划，避免出现在生态环境较为脆弱的地方设置工业、港口等环境干扰较大的功能区。

（二）因地制宜，保护优先

不同的滨海区域所受到的自然因素干扰有较大差异，在建设前期需要了解设计场地的地质侵蚀机制、潮汐作用、台风受灾几率等。在进行规划建设的过程中，应秉持保护优先原则，尽量减少不必要的人工干预，保持海岸线稳定性，并做好工程建设前的环境评估。

（三）尊重自然，控制开发

应充分利用原有的自然景观，保证滨海景观区域内开发的工程项目都是有作用的，并善于利用周边的自然、人文环境，尊重、融入现有景观资源，保证滨海景观带的可持续发展。工程项目建设时，要控制建筑密度、容积率，避免绿地空间大范围破坏，并适当扩大绿地面积。

（四）环境监控，生态修复

应定期监控滨海生态环境，制定污染紧急处理机制，并积极寻求环境保护与开发建设的平衡点。生态修复是在生态学原理指导下，以生物修复为基础，结合各种物理修复、化学修复以及工程技术措施，通过优化组合，使之达到最佳效果和最低耗费的一种综合修复方法。滨海地区生态修复主要包括：

（1）根据滨海景观肌理特点，结合实际需求重塑自然、半自然海滨形态。

（2）恢复原有场地植被，采用生物、非生物技术控制污染源，改善水体和土壤环境，恢复自然植被。

（3）采用生态建设理念和施工技术，选用当地植物、施工材料，降低对自然的人为干扰。

四、滨海生态技术的运用前景

随着科技的进步，越来越多的生态技术被运

用到滨海景观的建设当中，为建设滨海景观提供科学指导。这类技术涉及前期评估、设计指导、植物配置、施工技术等。

（1）运用3S技术（遥感技术、地理信息系统、全球定位系统的统称）提高前期生态调查合理性。常用的3S技术均可加强区域生态资源的调查、分析、评价以及数据库的建设，所收集到的基础数据可以作为设计与科学研究的参考。

（2）利用数据信息库为设计提供方向引导。数据信息库的建设包括精品设计项目图集，园林材料信息、园林苗木信息、园林造价信息库等，可帮助设计师快速、准确地筛选信息，指导设计方法，在保证设计科学性、合理性的同时提高效率。

（3）改进绿化技术，提高复绿速度与成活率。绿化技术的改进包括：优化选择植物种类，结合植物生态特征和生活习性，筛选滨海乡土植物，选择具有较高园林应用价值的植物种类；为降低风害影响，采用适宜群落配置结构，根据受害程度向内陆逐渐减缓的特点，进行由低至高的植物群落配置；优化选苗和种植养护措施，根据滨海地区气候、环境特点，选择相应的乔木树种，确定回填土厚度、种植苗木土球以及浇灌力度，提高植株成活率，缩短新移栽苗木受台风危害的恢复期；采取适当预防措施，乔木种植采用支架防护。

（4）新材料、新工艺集成滨海生态恢复与园林建设工法。滨海地区生态修复与园林建设是系统工程，需要多类技术人才集合多种施工工艺共同完成，主要涉及的新技术、新工艺包括水体净化技术、土壤改良技术、生态排水技术、环保铺装技术、滨海绿化技术等。

五、小结

滨海生态园林建设是一种特殊的景观类型，涉及湿地的保护、滩涂的改造利用、岸堤防洪、景观用水处理、植物造景等诸多方面，目前理论和应用技术等方面都还不够成熟，有待广大景观工作者重视和完善。未来滨海景观建设必须进行科学合理的规划设计，从可持续发展的角度建设生态景观，使其展示城市景观、文化特色和相应的生态效益。在滨海景观的营造上，必须从当地的地质、气候、水文、植物等诸多方面出发，做到美学与生态兼顾，找到自然与人类生活环境的良好结合点。公司积极投入研发，将最新技术成果应用在珠海长隆、阳江保利、陵水雅居乐等滨海项目上，从前期设计到后期维护，从物种筛选到施工技术均严格把控，创造优美生态园林景观，实现人与自然和谐之美。

珠海长隆国际海洋度假区

ZHUHAI CHIMELONG INTERNATIONAL OCEAN RESORT

中国风景园林学会“优秀园林工程奖”金奖
“优秀风景园林规划设计奖”三等奖

建设单位：长隆集团
建设地点：广东珠海
建设规模：55 万平方米

设计单位：普邦园林规划设计院
总设计师：黄庆和

主要设计人员：全小燕、叶劲枫、吴稚华、邓韶军、郭颖涛、杜壬、张文文、梁永平、程秋钿、陈利华、李立、杜霭恒、彭会兰、陈锦尊、陈颖、彭雪峰、吴迎、黄利萍、吴海奇、周燕妮、林琳、莫子霞、庞慧君、方芳、张荣辉、王凌霄、关灿强、谢尚维、吴棉欣、李明、吕方诚、冼国豪、谭琳、郭妙婷、邓斌、关永生、何丹、许根荣、蔡文、高慧萍、刘华平、陈为忠、Dennis、潘小明、何斌、刘俊辉、黄慧亮、陈晓晴、莫长兵、苏嘉盛、戴思炜、叶晶、陈勇、卢铭、谭结仪、余俊、林东海、王学毅、林静、游林、戴巧玲、胡衍清、欧阳荣杰、胡笳茜、林仕煜、陈妙如、梁家群、李积永、刘晓丹、卓颖、陈建平、何幼梅、林洽砖、叶莹、钱茹、卢静岚、蔡晓敏、黎文雅、杨华金、尹曾

施工单位：普邦园林广州分公司、直属分公司、海南分公司、东莞分公司
主要施工人员：施国发、陈燕安、 岑根忠、王晓辉、马明辉、蒋建友、黄程伟、胡鹏程、吴毅桐、董剑婷、高文志、陈学滨、袁学炉、何卓辉、江宏伟、郭永洪、胡卓南、黄振华、王小铳、伍庆祥、陶宇海、施健鹏、黎星贤、廖嘉威、孟伶军、陈柏军、李扬波、陈炎飘、何永波、曾细洪、黄少鹏、徐强、陈文权

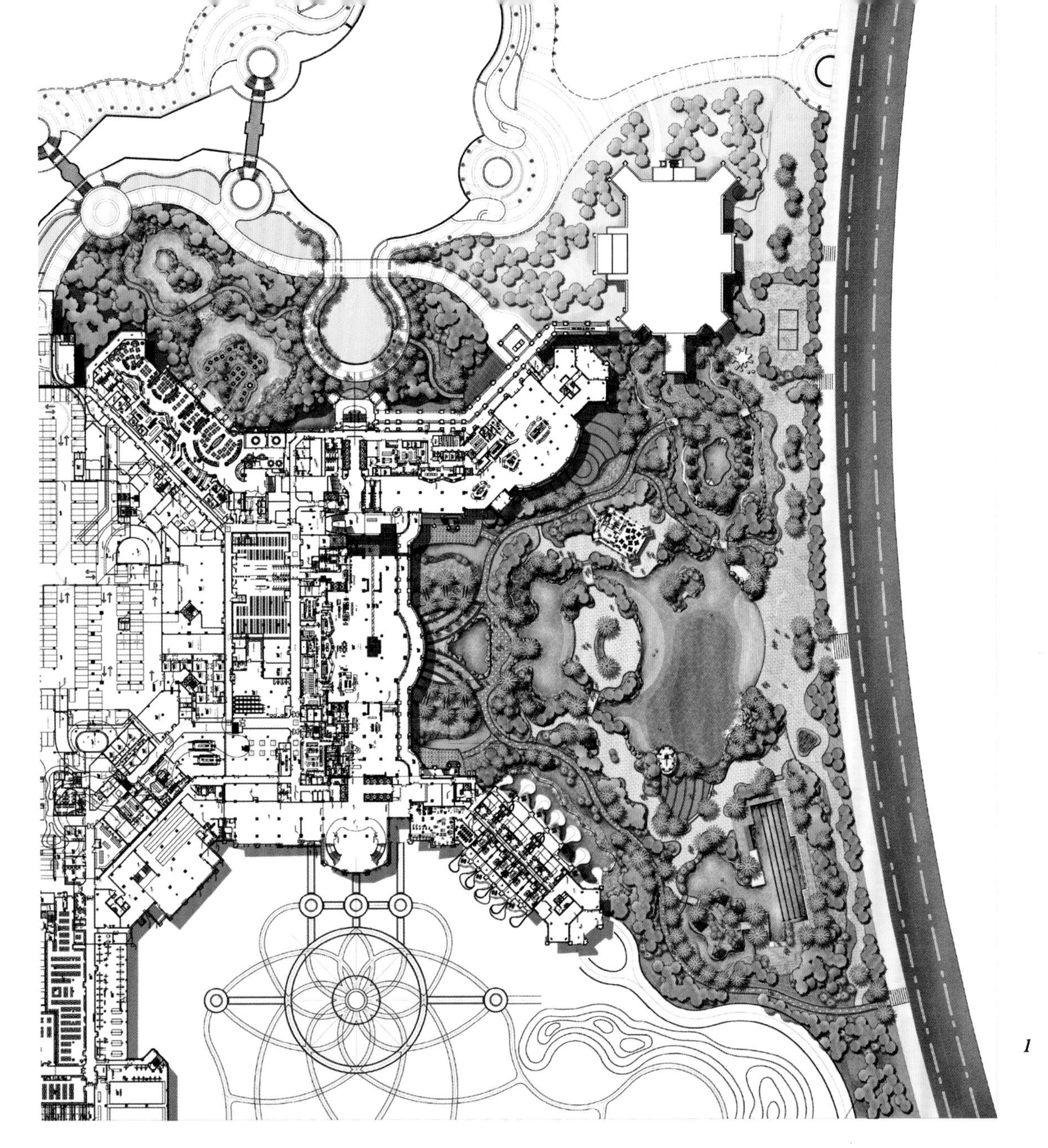

1 项目局部平面图

1. 项目概况
/PROJECT OVERVIEW

项目位于广东省珠海市，属南亚热带季风区，冬无严寒，夏无酷暑，雨量充沛，气候宜人。多雷雨，灾害性天气主要是台风和暴雨，个别年份冬季受寒潮低温影响。台风多发于 6—10 月，年平均 4 次。

规划占地面积 63 万平方米，地处第三个国家级新区——横琴新区，与中国澳门特区一衣带水。项目通过横琴湾酒店、长隆海洋王国、景观河、国际马戏城四大主题区的建设，力求打造成一个集主题公园、豪华酒店、商务会展、旅游购物以及体育休闲于一体的超大型综合主题旅游度假区。

2

3

2 标志性建筑鲸鲨馆效果图
3 标志性建筑鲸鲨馆实景图
4 局部景观俯瞰图
5 罗汉松组景效果示意

酒店大堂
会展中心

6 横琴湾酒店入口景观

7 人与动植物和谐之景
8 浓郁的海洋主题风情
9 酒店前海狮雕塑与水景
10 酒店前花园景观

8

9

10

2. 设计理念
/DESIGN CONCEPT

项目设计因地制宜，根据各区的周边环境与功能需求营造不同主题的园林景观。横琴湾酒店追求高贵奢华、舒适享受，长隆海洋王国以新奇的娱乐体验为营造目标，步移景异的景观河作为酒店和海洋王国的水陆两用交通纽带，国际马戏城的建设力求打造世界级的国际马戏赛场。4 个景观区域各具特色又协调统一，营造出体验丰富、景观独特的国际海洋度假区。

11

3. 艺术手法 /*ARTISTRY*

横琴湾酒店室外以多种名贵树种作为植物景观骨架，室外泳池与海豚池毗邻，通过人造沙滩和水上乐园的建设，以及海洋主题雕塑的应用，打造出奢华高贵、丰富多变的园林景观。长隆海洋王国由极地探险、海洋奇观、雨林飞翔、缤纷世界、海豚湾等八大景色各异的园区组成，硬质景观的材料、样式、色彩以及苗木品种的选定与主题高度吻合，给人以无限的遐想。景观河是一条连接酒店和海洋王国的水陆两用交通纽带。国际马戏城的流线型铺装与景观河一致，植物景观特点与横琴湾酒店一致，加上马戏特有主题元素的运用，使得整个景观既保持了独立个性，又显得协调统一。

11 横琴湾酒店夜景

12

4 . 技术措施
/TECHNICAL APPROACH

横琴地区台风灾害严重，土壤质地疏松，保水、保肥性能差，给园林绿化施工和苗木养护工作造成了极大困难。主要通过以下方法使设计理念在工程实际中得以表达：

12 酒店前罗汉松景观
13 植物组团
14 松石小景富含中国传统意蕴
15 酒店泳池实景

（1）绿化材料的选择：既要满足度假区主题风格的要求，又要满足滨海地区的气候条件。植物要求具备耐盐碱、抗旱能力强、叶片较小、革质、根系深等特点，如海洋王国乐园入口主要选择罗汉松、黑松等作为造景主干树种，形成植物景观的骨架。

13

（2）种植土处理：通过观察测定土壤含盐量以及排盐碱规律，确定置换种植土与排盐土措施的比例关系，保证植物的正常生长。

（3）苗木移植：施工过程中，大树移植较多，通过加大土球的直径，并对其根部喷施促生根剂来保证大树移植的成活率。运用生根粉等促生根剂进行喷施处理，加大土球直径至8~10倍。使用网布复合网兜来保护土球。

14

（4）抗风支架：运用本公司独立研发的专利抗风支架，对树体进行支撑，以增强植株抗风能力。

15

5 . 项目总结
/PROJECT SUMMARY

此项目为设计施工一体化项目，成功之处在于集中了设计、施工以及研发力量，通力合作，运用两年的时间将整个项目顺利完成。通过在施工过程中的科学研究，着重解决了滨海地区园林绿化施工的难点问题，为公司在滨海园林建设中积累了宝贵经验。同时，此项目凭借过硬的质量与高效的工程进度，得到了甲方的高度认可。

16~18 酒店前罗汉松景观

18

19 酒店泳池实景
20 临水廊架
21 蕴含传统意境的松石小径
22 酒店前罗汉松景观

23

24

25

26

27

23 海洋王国大门入口景观
24~29 乐园景观实景

28

29

广州市“优秀工程勘察设计奖”一等奖

建设单位：保利地产

建设地点：广东阳江

建设规模：33 万平方米

设计单位：普邦园林规划设计院

总设计师：莫少敏

主要设计人员：叶劲枫、陈上港、钟智安、刘特凯、王敏熙、黄海棠、陈润建、莫海莲、许海春、何丹、蚁坚晖、许晓娣、胡俊、刘慧娜、叶柳嫔、欧焯荧、余桂华、游林

施工单位：普邦园林广州分公司

主要施工人员：谢驰宇、邓天文、巫锐龙、汪昕、张立桥、梁洋铭、罗汉青、彭兆宇、黄冠文、关天宇、黄晓东、庄岳平、何景伟、余进、张城、杨青、熊华美

技术研发单位：普邦园林研发中心

主要研发人员：谭广文、刘斌、曾非凡、曾凤、郭淑红、李子华

1. 项目概况
/*PROJECT OVERVIEW*

项目位于阳江市海陵岛大王山东侧，属南亚热带季风性气候区域，雨量充沛，常年气温较高。雨水分布不均匀，年平均降雨量一般在 2300mm 左右，夏、秋季节多台风，年平均出现 5~7 次，灾害严重。

规划总用地面积约 183.4 万平方米，毗邻大型生态体育公园，又与“南海一号”博物馆遥相呼应，其中展示区绿化设计面积约 3.58 万平方米。通过景观大道、高尔夫球场会所、澳洲风情度假区、美洲迈阿密风情度假区、泰式风情度假区的重点建设，打造出一个自然健康，舒适高雅的文化社区。

1 建筑群前景观
2 游步路实景
3 开合有度的泳池设计

4 热带风情入口景观
5 疏朗的户外花园
6 建筑与景观的和谐统一

5

6

7 泰式景观元素
8 大堂入口
9 热带植物风情
10 连绵起伏的广阔草坪

9

2. 设计理念
/DESIGN CONCEPT

项目设计以“和谐自然、生态优先”为基本原则，尊重自然，顺应自然。尊重原有场地，在原有基础上优化、美化、生态化，打造绿色、阳光、运动的休闲场所，同时紧扣“淳厚、质朴”的地域文化特色，充分体现了健康而富有情趣的生活理念。

10

3. 艺术手法
/ARTISTRY

充分利用原有场地的各种景观要素——地形、水系、植物群落，结合微地形变化组织空间，因势造园，筑台理水，配合植物群落结构层次的变化，营造动静结合、形态丰富的景观序列。植物造景以“近自然”的配置方式为基本原则，做到与原有植物群落协调统一，结合植物的生态习性，将适合滨海环境条件且能体现浓郁亚热带风格的植物引入到绿化设计之中。景观小品的运用主要体现景区的文化和内涵，做到传统与现代的对话、人文与自然的交融。

11 主广场规则式水池
12 现代、大气的滨海泳池
13 多层跌水池实景

12

13

14 规则式泳池全景
15 植被丰富的微地形营造
16 滨海休憩空间

4 . 技术措施
/TECHNICAL APPROACH

滨海地区自然条件恶劣，气候干燥，台风灾害严重，而且盐雾沉降，土壤质地疏松，保水、保肥性能差，给绿化和养护工作造成了极大困难。通过现场调研和实验观察，普邦园林公司总结出一套滨海地区园林绿化施工与养护的技术方法。

（1）植物群落构建：从近滩至远岸依次为“沙滩地被—草本植物—低矮灌木—小乔木”，构成多层次植物群落。

（2）植物筛选：选择适应性强、灾后恢复能力强、叶片革质或肉质多浆、冠高比小、根系发达、树形低矮粗壮、树干结实且坚韧的树种，如狐尾椰子、美丽针葵、红刺林投、细叶榕、细叶榄仁等。

14

15

16

（3）大规格乔木移植与养护：种植土的处理，在客土改良时注重砂土与黏土的混合比例，并设置排水沟；土球的处理方面，通常运用生根粉等促生根剂进行喷施，加大土球直径至 8~10 倍，使用网布复合网兜来保护土球；树冠修剪时注重植株的透风性，并注意调整冠高比与冠心重；以镀锌钢管为材料设置抗风支架，增强植株抗风能力；抗盐雾措施方面，要及时用清水冲洗叶片，并设置防沙网和挡土墙。

（4）绿地集水排水：自主研发生态型绿地集水渠和生态型集水井，用以提高绿地的排洪、防涝效果。

17 椰风树影
18 妙趣横生的抽象雕塑
19 建筑景观两相宜
20 特色跌水

5 . 项目总结
/PROJECT SUMMARY

项目的成功之处在于充分运用原有场地，遵循适地适树原则，而且有完善、精良的施工。通过不断实践，公司在华南滨海地区的绿化施工方面已经达到了国内先进水平。值得骄傲的是，基于此项目完成了三项实用专利——“一种提升树木群从抗风力的连体固定支撑架”和“一种生态型绿地集水渠构造”及“一种节水型生态集水井”，并且“华南滨海地区大规格乔木移植施工技术”被广东省住建厅专家会议鉴定为国内先进。

“03

海南陵水雅居乐莱佛士酒店

LINGSHUI AGILE RAFFLES HOTEL
”

广东省“园林绿化优良样板工程”金奖

建设单位：雅居乐集团

建设地点：海南陵水

建设规模：9 万平方米

深化设计单位：普邦园林规划设计院

主要深化设计人员：全小燕、梁永平、刘英、张璐璐

施工单位：普邦园林海南分公司、上海分公司

主要施工人员：余锡祥、范一航、周孚文、陈泰宵、黄英华、黄宝英、曾沛国

1 热带风情

1. 项目概况
/PROJECT OVERVIEW

项目位于海南省陵水黎族自治县，属热带季风气候区域，干、湿季分明，夏、秋多雨，冬、春干燥。年平均气温 25.2℃，年平均雨量为 1500~2500mm，光照充足，全年无霜，四季常青，是中国少有的天然温室。受热带季风气候的影响，平均每年受 3~5 次台风的袭击，最大风力可达 12 级。

规划绿地面积约 9 万平方米，地处陵水黎族自治县重点旅游开发区。该项目是雅居乐集团在清水湾建造的第一个五星级酒店，普邦园林公司负责绿化深化方案设计、施工图设计以及全面施工，配合硬景设计，打造出舒适奢华、放松身心的酒店景观。

2. 设计理念 /DESIGN CONCEPT

项目设计以“顺应自然，和谐共生”为基本原则，充分运用经雨水冲刷形成的山体和坡地上的流线布局，在此基础上进行植物景观的营造，通过打造奢华别墅景观、高尔夫球场等，营造高端大气、浓郁的热带风情，让人在享受尊贵高雅的同时，身心得到极大放松。

2 无边海景
3 椰风送爽，惬意一角

3. 艺术手法 /ARTISTRY

以起伏变化、经千年雨水冲刷形成的山体和坡地上的流线作为整个景观的主线，力求让游客在不同的节点上看到不同的景观，做到一步一奇、步移景异。配合植物景观的营造，使游客置身自然，融于自然。植物配置以乡土树种为主，注重群落的构建，力求层次丰富、季相分明，通过乔木、灌木、地被植物的合理搭配，营造出四季常绿、四季有花的植物景观。同时，植物选择突出地方特色与地域文化，真正做到人文与自然的交融。

4 庭院一角
5 酒店餐厅外景
6、7 酒店内部实景

6

7

8 热带风情庭院景观
9 傍晚时分的景观灯色

8

9

4 . 技术措施
/*TECHNICAL APPROACH*

创新与研发是发展重点，在台风频繁、气候炎热、土壤贫瘠、水分蒸发量大等不利的环境条件下，公司积极、主动克服恶劣环境，运用多项新技术支撑整个施工过程，具体如下：

（1)3D 打印技术的运用：在绿化方案前期 ,运用 3D 打印技术对整个设计进行模拟输出 ,形成了更直观、更详细的项目分析资料，进而进行效果图制作，显示出最后施工后的效果。

（2）植物选择：通过长期的试验观察，以抗逆性强的乡土树种作为首选绿化材料，如椰子树、榕树、凤凰木、榄仁树等，不仅降低了成本，而且便于日后的养护管理。

（3）群落构建：层次丰富、季相分明，抵抗力强、恢复性强，配合芳香植物的运用，形成四季常绿、四季有花的群落景观。

（4）植物的保护：采用连体固定支撑架法替代传统的支撑方式，对大型苗木进行支撑来抵御台风危害，既有效地保护了植物，也提高了苗木的成活率。

10 泳池局部
11 酒店连廊实景
12 庭院细部景观
13 酒店泳池

12

13

5 . 项目总结 /*PROJECT SUMMARY*

此项目的成功之处在于新技术的运用，使得与甲方的沟通更加直接有效，通过运用公司在前期滨海建设项目的经验，使得整个施工过程更加顺利。工程工期短，质量要求高，加上各专业单位交叉施工，施工难度非常大，在技术保障、人员保障的前提下，我们的赶工能力得到了甲方的一致认可。

14 庭院入口景观
15 户外步径实景

“04

中骏黄金海岸

SCE GOLD COAST

”

建设单位：中骏置业

建设地点：福建石狮

建设规模：23.3 万平方米

深化设计单位：普邦园林规划设计院

深化设计人员：黄妙玲、吴娜、胡一平、何达锋、朱燕敏、袁徐安、莫云、莫子霞、陈锦尊、林洽砖、郑乐通、黄正中

1. 项目概况
/PROJECT OVERVIEW

项目位于福建省石狮市，属亚热带季风气候区域，日照充足，光热资源丰富，雨水充沛。夏季长，多干旱，冬季短，无严寒。全年平均气温 20~21℃，无霜期长达 320 多天，年降雨量 911~1233mm，5—10 月常有台风。

规划绿地面积 102 公顷，地处石狮市东南方向的永宁古镇 ,坐拥山、海、滩、湾、林等城市自然资源。通过中央湖公园、林荫大道改造、别墅私家庭院景观、会所周边景观等景观区域的建设，打造出浓郁的地中海风情景观，成为闽南地区有标志性意义的综合性滨海旅游度假胜地。

1 项目入口主景观
2 会所景观

3

3 别墅庭院组景
4 项目规划平面图

2. 设计理念
/DESIGN CONCEPT

本项目以“融于自然，生态先行”为基本原则，充分运用原有场地的自然资源与基础建设，结合地中海风情的景观特点，与当地的人文风情高度融合，形成别具一格、独具特色的园林景观。

3. 技术措施
/TECHNICAL APPROACH

（1）悬空水龙头制作。

（2）湖水质量的良好控制。

（3）海滨防风、防碱树种与防碱材料的选择。

（4）屋顶花园减轻荷载方法。

4 . 项目总结
/PROJECT SUMMARY

工程竣工后效果尚佳，图纸质量达标，得到了甲方的认可。

5

6

5 项目外眺视野
6 独具特色的悬空水龙头

7

8

9

10

7 项目水景
8 会所前水景与步道
9 园区铺装
10 别墅庭院组景

万豪南湾

MARRIOTT SOUTH BAY

建设单位：汕头经济特区欣利房产开发有限公司

建设地点：广东汕头

建设规模：4.66 万平方米

施工单位：普邦园林广州分公司

主要施工人员：林奕文、何景伟、熊华美、杨焕增、元泽才、刘锦星

1. 项目概况
/PROJECT OVERVIEW

项目位于汕头市龙湖区中山东路，具有明显的季风气候特征，温和湿润，阳光充足，雨水充沛，无霜期长。春季潮湿，阴雨日多；初夏气温回升，冷暖多变，常有暴雨；秋季凉爽干燥，天气晴朗，气温下降明显；冬无严寒，但有短期寒冷。盛夏虽高温但少酷暑，常受台风袭击。

规划绿地面积约 2 万平方米，是集住宅、商铺、社区办公于一体的综合性房地产项目。

1、2 园林水系及怡人的滨水环境

2. 设计理念
/DESIGN CONCEPT

本项目运用“自然式”设计手法，使用凹凸有致、自然流畅的线条，配合蜿蜒自如的水面，形成了一副和谐、美好的画面。

3. 艺术手法
/ARTISTRY

项目以贯穿全园的湖面作为主体景观，湖面空间收放自如，安排有序；注重亲水设计，木质平台横跨湖面，两侧植以水生植物，增强整个湖面的层次。泳池延续湖面自然流畅的肌理，池底铺砖突出海洋主题，周边种植海洋风情的棕榈科植物，两者相得益彰。配合以紫色为主的灯光设计，营造炫目神秘的夜色景观。

3、4 主水景区
5 虚实相映的水景

4

6

7

6 绿荫当庭，花木相间
7 按摩泳池实景
8 泳池细部景观

8

9、10 浮水曲径

11 郁郁苍苍的植物景观

4 . 技术措施
/TECHNICAL APPROACH

汕头属沿海城市，台风频繁，气候炎热，土壤贫瘠，水分蒸发量大，同时施工工期短，质量要求高，给施工造成了极大的困难和挑战。

（1）针对施工地点的气候条件，经过长期实验观察，决定优先选用乡土树种，如亚热带常绿乔木等。这些乡土树种具有很强的适应性和抗逆性，同时，乡土植物能够很好地体现地域风格与风情，而且便于日后的管理养护，节约成本。

（2）因项目定位为高档楼盘，施工技术及质量把控要求较高。项目施工中大型土方回填、大面积水系以及景石的摆置，都具有很大的难度。我们通过与甲方及设计师的沟通交流，最终保质保量准时竣工。

12~14 泳池雕塑细部

5．项目总结 /PROJECT SUMMARY

本项目在施工过程中充分利用已有的成熟技术，运用滨海园林建设方面已积累的宝贵经验，形成了一套“景观设计—工程施工—后期养护”的系统技术手段，对相关项目建设具有很大的指导意义。同时，通过现场充分的沟通与交流，在规定工期内保质保量完成任务，得到了甲方的高度认可。

14

15

16

15 滨水观景休憩廊架
16 滨水植物配置丰富
17 园内休憩广场一隅
18 入口水景
19 绿影婆娑的蜿蜒水系

第二部分

生态化休闲和生态体验园林建设

Ecological leisure and ecological experience landscape construction

休闲经济快速发展背景下的生态休闲体验

随着科技的进步和社会的发展，休闲作为一种业余生活，越来越受到人们的关注。社会各个阶层的人们，在工作和劳动之余的闲暇时间里，以不同的形式实践着自己的休闲活动。基于现实的环境问题和人与自然的关系，从生态体验的角度出发，一种全新的休闲形式——生态休闲正逐渐纳入人们的视野，并凸显其强大的生命力和时代特征。

With the advancement of technology and social development, leisure as a extracurricular life, attracting more and more people’ s attention. People from all sectors of society, practice their leisure activities with a different form in spare time of work and labor. Based on real environmental problems and the relationship between human and nature, starting from the perspective of ecological experience, a new form of leisure -- ecological leisure is gradually into people's vision, and it highlights its own strong vitality and time characteristics.

休闲经济快速发展背景下的生态休闲体验

The ecological leisure experience under the background of the rapid development of leisure economy

随着改革开放的不断发展，城市化进程如火如荼，社会发展带来的利益令人欢欣鼓舞，但随之而来的一系列弊病也不容小觑。当今社会，由于时间、金钱、精力等因素的限制，快节奏的工作和生活，使人们迫切希望内心得到一分安静的归属。随着节假日、闲暇时间的增多，在市场需求的强烈驱使下，以生态休闲为宗旨的体验式旅游正以良好的态势成为游客们的新宠，并逐步凸显其强大的生命力和时代特征。

一、休闲经济的当代发展

（一）休闲经济的概念

休闲经济是社会发展的新领域，是经济学发展的必然趋势。它以人的休闲消费、休闲心理、休闲行为、休闲需求为考察对象，以满足人的个性、多样性发展为目的，是研究人类休闲行为和经济现象之间互动规律的一门人文社会科学。

（二）国内外休闲经济的发展状况

休闲是消费活动的重要条件之一。休闲消费的需求涉及每一个人，各类休闲场所的开辟与休闲服务机构的建立，使其不仅具有经济和营销意义，而且具有重要的文化和社会意义。西方国家多年的实践证明，休闲作为一个产业已经产生了巨大的经济效益，如美国的休闲产业年产值达 1 万亿美元，年税收达 6 000 亿美元，为社会提供 2 500 万个工作岗位，占美国就业职业的 1/4；英国休闲产业年产值达 1 360 亿英镑，创造 1/5 的就业岗位；而在西班牙，休闲业成为西班牙的第四大产业，其收入占国内生产总值的 4.5%。

发达国家已经进入“休闲时代”，发展中国家将紧随其后。虽然中国经济水平跟发达国家相比还有很大差距，但从中国的生产力水平看，休闲经济显然已成为我国现阶段重要的经济方式之一，它标志着人们逐步从繁重的体力劳动中解放出来，从满足现实的基本生活需要转向对精神生活的向往，从计划经济体制向市场经济体制转变，由传统的“生产—消费”模式逐渐向“消费—生产”模式转变。

二、生态休闲

（一）生态休闲的概念

生态休闲是一种更高层次的休闲，它倡导的是人与自然的和谐共存、共同发展和相互促进，它以保护环境为目的，实现人与自然的可持续发展，全面提升人的价值观、人生观、休闲观。生态休闲作为休闲的一种方式，与发展的生态空间共同满足科学、文明、健康休闲的需要，创造体验、欣赏并建构一种高层次、高品位和高质态的生存状态和发展状态。它既是人类着力建造的生态环境物质文化和生态精神文明的结合，亦是一种崭新的生活方式和生活态度。

（二）生态休闲的内涵

生态休闲的实质就是生态体验。生态体验主要是指休闲者在自然生境中的旅游体验，它注重人与自然之间的对话，实际上是在寻求自己的心灵世界与外部世界之间的生态平衡。

基于生态休闲基础上的生态体验方式种类繁多，可以怡情于青山绿水、倘佯在阡陌原野上，也可以置身于城市园林之中，还可以漫步在杨柳堤岸旁等。不管以何种方式上演，以生态体验为主要特征的生态休闲皆是绿色休闲，都应该是轻松、向上的。

三、生态休闲与园林建设实践

（一）园林建设的生态化

绿化是基础，美化是目标，而生态化则是现代园林可持续发展的根本出路。人类渴望自然，城市呼唤绿色，园林建设的发展就应该以人为本，充分认识和确定人的主体地位及人与环境的双向互动关系，强调把关心人、尊重人的宗旨具体体现在城市园林的创造中，满足人们的休闲、游憩和观赏的需要，使人、城市和自然形成一个相互依存、相互影响的良好生态系统。

园林建设的生态化就是在园林建设中遵循生态的原则，如尊重生物的区域性，顺应基址的自然条件；合理利用土壤、植被和其他自然资源；充分利用太阳能、风能以及潮汐能等可再生能源，共建低碳城市；选用当地的材料，特别是注重乡土植物的运用；注重材料的循环使用并利用废弃的材料，以减少对能源的消耗，减少维护成本；注重生态系统的保护，建立和发展良性循环的生态系统；发挥自然的观赏价值，避免过度开发，减少人工痕迹等一系列的具体方法。

（二）园林建设中的生态体验形式

休闲方式有很多，诸如旅游、娱乐、园艺、阅读、体育、书画、品茶等。在园林建设的大环境下，目前较为普遍的生态体验形式有生态旅游和养生地产。

1. 生态旅游

生态旅游是社会、经济、文化和科学发展的产物，它是一种于大自然中欣赏自然风光和文化遗产的旅游，从而获得身心享受。按照园林建设项目的分类，生态旅游又可分为自然风景区生态旅游和农业生态旅游。

（1）自然风景区生态旅游：人们利用闲暇时间，去往自然风景区旅行和暂居，并在景区中开展多种功能的休闲活动，如泡温泉、打高尔夫、登山、滑雪、露营、野餐、漂流、探奇等，在游玩的同时加深对大自然的了解与热爱。

（2）农业生态旅游：是以农村自然环境、农业资源、田园景观、农业生产内容和乡土文化为基础，采用园林造景的手法，为人们提供观光、旅游、休养、乡村民俗生活体验、特色动植物观赏、季节性果蔬采摘品尝等活动的旅游形式。通过这种休闲活动，城市居民可以暂时远离钢筋混凝土的森林，远离城市的喧嚣，领略自然的田园风光，感受清新的乡土气息，在休闲中增强生态意识和环保意识。

2. 养生地产

养生地产，就是凭借优越的生态景观资源和气候条件，在具备宜居条件的区域将养生、保健理念渗透到房地产开发中去，通过生态环境、建筑科学、服务设施和物业管理的资源整合，开发对身心健康具有改善和促进意义的房地产建设形式。它通过园林规划设计和资源的利用开发，把当地的生态景观资源进行优化、美化，给居民创造一个舒适健康的生活环境。

（三）园林建设生态体验的未来发展

生态休闲作为新兴的休闲方式，是人类回归自然的追求，是休闲发展的必然趋势。园林建设下的生态休闲能够很好地协调环境和建设开发的关系，它不仅仅是一种休闲方式，更是一种先进的休闲理念，生态休闲的发展方兴未艾。

我国自然景观资源极其丰富，生态旅游与养生地产在未来必将得到长足发展。随着闲暇时间的不断增多，人类对休闲质量的要求也越来越高。未来，人们必将花费更多的时间和精力去关注、保护生态环境，促进人与自然的和谐共存，以维持自然环境的可持续发展。

苏宁睿城银河国际

SUNING RUI CITY GALAXY INTERNATIONAL COMMUNITY

建设单位：苏宁集团

建设地点：江苏南京

建设规模：4.4 万平方米

施工单位：普邦园林上海分公司、武汉分公司

主要施工人员：颜庆华、欧子阳、黎清意、徐世阔、吴茂生、郑树满

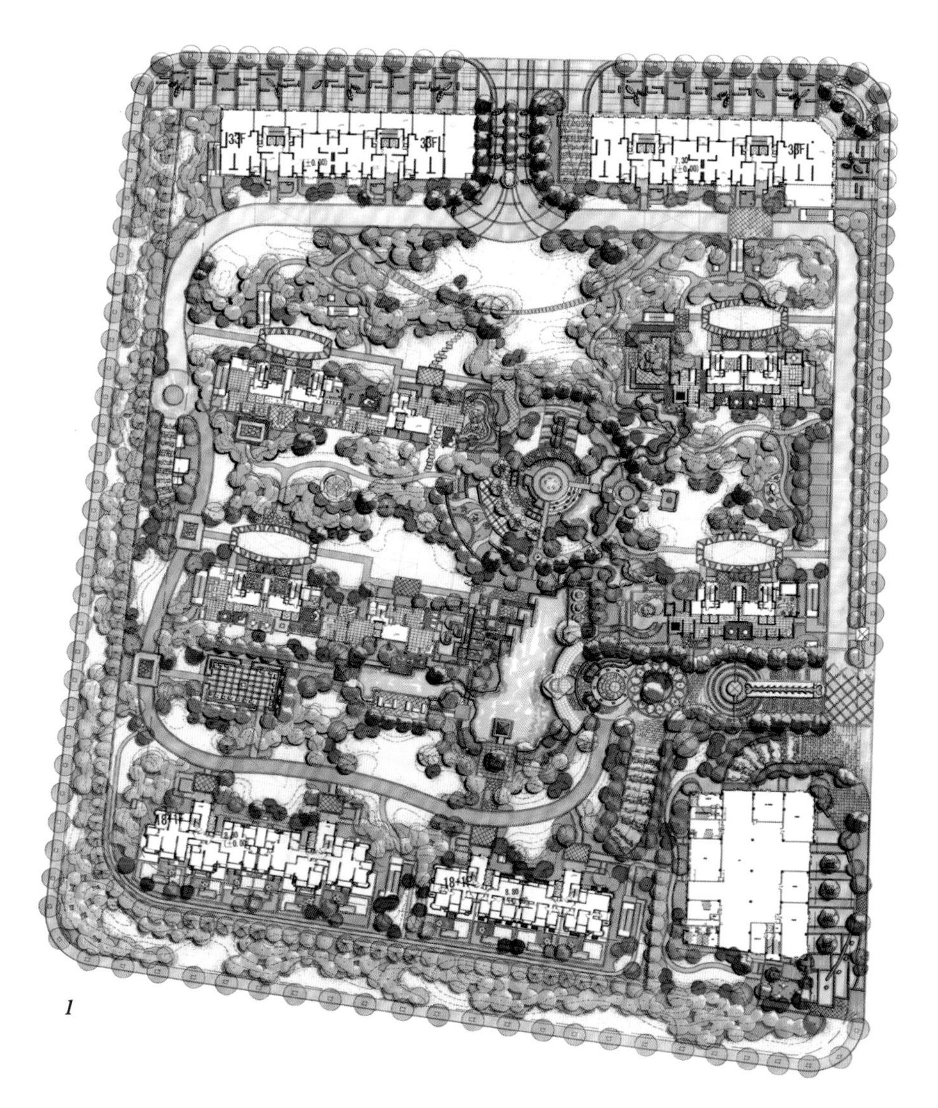

1 东入口亲水休闲区平面图

1. 项目概况
/PROJECT OVERVIEW

苏宁睿城国际银河街区项目位于南京市集庆门大街以北、清江路以东、南京市鼓楼区科技园内，所在城市属亚热带季风气候，雨量充沛，年平均温度 15.4℃，年平均降水量 1106mm。

该项目占地面积约 66 公顷，是国家级“南京国际服务外包产业园”综合项目的核心组成部分，是迄今为止南京主城区内建设规模最大的单个地产项目，也是政府重点打造的“南京中央科技区（CID）”标志性综合项目。项目由苏宁银河国际社区、苏宁广场、苏宁慧谷三大核心子项目组成，规划建设涵盖国际公寓、科技办公群、总部基地、五星级酒店及综合商业群等。

2

3

4

5

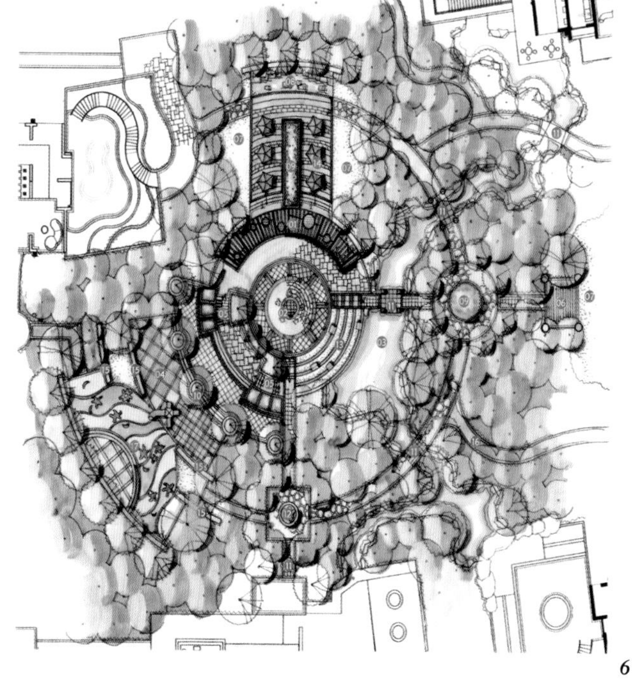

6

2 东入口亲水休闲区效果图
3 东入口效果图
4 柱廊广场效果图
5 中心景观叠水清溪效果图
6 中心景观平面图

2. 设计理念 /DESIGN CONCEPT

项目整体规划充分凸显了“周边配套成熟，内部配套丰富，环境生态，气氛休闲，科技含量高，充满创意与智慧”六大特点，力求打造一座集商业办公、生态休闲于一体的现代都市绿色时尚社区。

3. 艺术手法 /ARTISTRY

该项目整体景观规划以疏林绿草为主题，以自然式和规则式相结合的布局为整体框架，打造生态休闲的空间氛围，形成自然中蕴含精致装饰的现代主义风格。整个园区地形设计成高低起伏的缓坡，在视觉上形成优美的曲线韵律，空间富有节奏感。植物配置方面，主要是以自然式的丛植为主，乔木、灌木、地被相结合，形成丰富的植物景观层次。水景集中在园区的中心区域，保证了水体资源的最大共享性，水景的设计以喷泉、涌泉、静水为主，并充分利用地形的高差形成跌水景观。整个项目的景观突出了生态休闲、自然惬意的设计思想，为客户提供放松身心、亲近自然的绿色空间。

7 罗马柱廊实景
8 下沉空间实景
9 滨水景观廊架实景
10 艺术花廊实景

11

4. 技术措施
/TECHNICAL APPROACH

项目中存在 3 个工程技术难点。首先是水景规模较大，极易出现 “反碱泛白”的现象，影响景观效果；其次是项目的整个园林景观区都设在车库顶板上，绿化堆坡造形要求高、高差大，但基于车库顶板的承载力有限，设计方当时的设计是采用大量的陶粒作为堆坡的填充材料，工程造价高；最后是建筑高差大，水土养分容易流失，影响绿化效果。针对以上问题，我们提出了以下技术改进措施：

（1）干挂胶代替水泥粘贴石材。 针对项目中水景范围大、池壁反碱的问题，普邦园林公司提出了用干挂胶粘贴石材的施工工法，其主要特点是贴壁材料采用干挂的形式，粘贴材料主要为干挂胶而非水泥，从根源上解决了反碱的问题，效果显著。

（2）砖砌架空代替陶粒作为堆坡填充材料。对于建筑高差大、车库顶板承载力不足、堆坡造价高的问题，普邦园林公司采用了砖砌架空的方式代替陶粒堆坡，既能保证园林空间层次的丰富性，又为甲方节约了过百万元的工程造价。

（3）增强绿化保养力度保证绿化效果。较大的建筑高差对于绿化养护提出了较高的要求，我们在竣工后加强了绿化保养的力度，除了日常的淋水、施肥外，也要求保养工人对苗木勤于修剪整形、扶持加固、松土除杂草等。

11 滨水观景平台
12 罗马柱廊细部

12

13

14

15

16

13 艺术花廊入口
14 景观水幕实景
15 凭廊观花
16 滨水休憩空间

17 临水景观亭
18 国际街入口
19 绿树环绕的休憩空间
20 被绿植掩映的景亭

5 . 项目总结
/PROJECT SUMMARY

该项目的成功之处在于对工程措施和工法进行优化，保证景观效果和控制工程造价。就施工过程中出现的池壁反碱、堆坡造价高等问题及时与甲方沟通并提出切实的解决方案，在确保工程质量的同时又节约了工程成本，最终顺利完成工程任务，受到建设单位的高度评价。

21 繁花中的水帘景观
22 临水观景点
23 中心景观鸟瞰

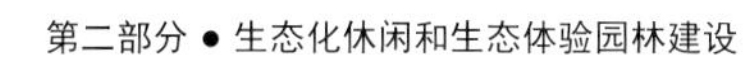

22

23

02

从化养生谷

CONG HUA HEALTH FITNESS VALLEY

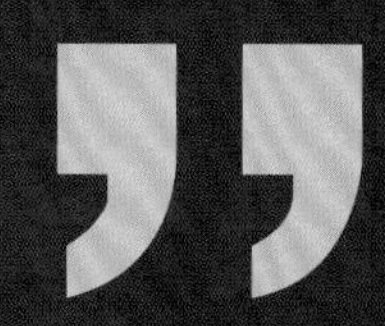

建设单位：侨鑫集团

建设地点：广东广州

建设规模：2000 平方米

施工单位：普邦园林广州分公司

主要施工人员：朱健超、巫家焰、郑柳华、赖其柄、张国强、林湘闽、廖泉林、张道军、区乐婵、刘成、邢文、廖凯明、张方明、冯自信、谭海龙、谭卫斌、何景华、李明昊、黄信体、吴志峰、陈高龙、李晓球、李权宾、符政、陈春荣、何智恒、高潮之、林海龙、孙祥、周宗南、李健科、谢恒辉、朱成、姚依岑

1. 项目概况
/PROJECT OVERVIEW

项目位于广州市从化区，北回归线横跨境内南端的太平镇，属亚热带季风气候区域，气候温和，雨量充沛。年平均气温约为 21.2℃，阶段性高温天气过程明显；年降水量 2176.3mm。

业主旨在打造“亚洲最精致的高尔夫养生谷”，建造高档、时尚、现代的休闲度假和温泉养生胜地。

1、2 建筑周边绿化及枯山水

2. 设计理念
/DESIGN CONCEPT

项目规划以“开发和保护并重”为基本原则，高于自然、融于自然，达到自然风韵与艺术加工的完美结合，创造人与自然的和谐之美。

3. 艺术手法
/ARTISTRY

建筑外观朴素大方，依山而立，与四周山水十分协调，用花岗岩雕塑、青铜雕塑和拼花大理石作为主要材料来修建亭楼。植物配置方面，主要以罗汉松、黑松作为骨干树种，宽阔起伏的草坪为整个谷区披上一层青绿。潺潺流水，林鸟晨鸣，再现了诗歌与绘画相结合的完美意境。

园区空间开阔，整个水系景观萦绕全园，收放自如，错落有致，犹如临水而建的江南水乡、诗情画意的理想之地，夜间细雾蒙蒙，加上星空闪烁，如梦如幻犹如仙境一般。

3 养生谷全景
4、5 绿意盎然的生态园林空间
6 收放自如的自然水体

7 休憩养生廊架周边环境
8 蜿蜒水系和自然生态空间
9 简洁开敞的植物配置形式
10 巧用框景、借景手法的庭院空间

7

8

9

10

4. 技术措施
/TECHNICAL APPROACH

（1）有条不紊的组织管理，夜以继日的工作态度。此项目工期较短，又值岁末，为了保质保量完成任务，春节期间工作人员依然奋战在工地现场，科学管理，统筹安排，最终按时完成了任务。

（2）搭建防护措施，保证节点交付。由于施工期间雨水较多，对施工造成了极大障碍，为此搭建了大量彩条布帐篷，以保证施工的顺利进行。

11、12 泳池与周边环境自然过渡
13 自然式驳岸处理

11

12

5 . 项目总结 /*PROJECT SUMMARY*

此项目直接体现了普邦园林公司的施工能力，无论是施工质量还是工程进度把控方面，都展示出了丰富的经验和先进的技术。值得一提的是，我们应对现场错综复杂的立地条件与变幻莫测的天气情况时处理得游刃有余。历经数月的苦战，我们用花岗岩修筑古色古香的亭台楼阁，用岭南乡土植物配合建筑，营造了诗情画意的景观效果；用枯山水塑造景观，赋予了“和、敬、清、寂”的意境；用水系贯穿园林，造就了自然与和谐之美。

14~16 形式多样的理水手法

15

16

“03”

无锡富力十号

WUXI R & F ROYAL TERRITORY

建设单位：富力集团

建设地点：江苏无锡

建设规模：1.7 万平方米

施工单位：普邦园林上海分公司

主要施工人员：巫家焰、姜佳、朱智深、陈双、刘桂忠、陈少雄、范一航、周建

1. 项目概况
/PROJECT OVERVIEW

项目位于江苏省无锡市滨湖区，属亚热带季风气候区域，四季分明，降水丰沛，雨热同季。常年平均气温 16.2℃，降水量约 1100mm，一年中最热是 7 月，最冷为 1 月。常见的气象灾害有台风、暴雨、连阴雨、寒潮、冰雹和大风等。

工程施工面积约为 1.7 万平方米，东临贡湖大道，西至立信大道，北靠南园路，南依高浪路，位于生态宜居的滨湖区太湖新城板块核心。

1、2 入口标志及花带配置

3 滨水木栈道
4 瀑布观景平台
5、6 细节精致的园林配景

2. 设计理念
/*DESIGN CONCEPT*

有效利用空间分隔和视线组织，巧妙处理抑扬节奏，产生小中见大的效果。景观造型设计充分强调细节处理和表面肌理的合理编排，视觉效果丰富，庭院虽小却有看不尽的内容。

5

6

3. 艺术手法
/*ARTISTRY*

本项目以水景贯穿全园，强化整体感，分为入口跌水景墙、销售中心水体、景区中心湖面。景区中心湖面以开阔的水面为主景，辅以优美的植物景观和富有质感的石景，结合地形高差的变化，营造出动静结合的景观。

植物配置中重点考虑了整体生态自然环境氛围的营造、植物景观季相变化和立地条件对栽种植物的限制，倾向于选择江苏本地乡土植物。一方面，乡土植物能适应当地气候、土壤等条件，抗逆性好，病虫害少，日后管养要求不高；另一方面，乡土植物对配合当地文化、营造特色景观有较好效果。其中，售楼处右侧以竹子作为景观的主角，创造出“东方美感”的文化内涵。

园林建筑小品独具特色，精在体宜。入口处两座雄狮雕塑雄伟而壮观，除了作为园林小品外，还有引导空间的指示作用。售楼处门口有一群形态各异的鹤形雕塑小品屹立在水池中央，与建筑和周围环境交相辉映，与周边的植物融为一体。在有限区域内利用自然条件，经过人为的加工、提炼和创造，把自然美和人工美统一结合起来，形成赏心悦目、变化丰富的景观环境。

7 火烈鸟雕塑实景
8 一步一景的曲桥
9、10 大面积静谧水体
11 色彩丰富的组团绿道

8

9

10

11

12

4. 技术措施
/TECHNICAL APPROACH

（1）高边坡植物防护技术：种植工程中，利用植物的根系起到固土、固肥、固水的作用，防止水土流失。因此，在售楼中心水景区边坡种植大量的植物，改善地层的力学性能，使植物与边坡形成协同体，提高边坡的稳定性。

（2）雨水回收利用技术：在施工过程中，将雨水收集后经过渗蓄、沉淀等处理，集中存放，用于施工现场部分绿化苗木的浇水以及混凝土试块养护用水。

（3）节能环保材料：园林基础设施多选用节能环保材料，园路灯采用 LED 太阳能灯。太阳能灯以太阳光为能源，白天太阳能电池板给蓄电池充电，晚上给负载供电使用，无需复杂、昂贵的管线铺设，还可任意调整灯具的布局，安全、节能、无污染，无需人工操作，稳定可靠，省电，免维护。同时，绿化地内采用鹅卵石镶面，做排水沟，既实用美观又节能环保。

（4）采用新技术、新措施，提高苗木成活率，节约成本。采用 ABT-3 生根粉对于常绿针叶树种及名贵难生根树种的快速生根、提高成活率具有明显效果，多菌灵、甲托杀菌剂则主要是对根部的杀菌起到重要作用。在种植苗木过程中，采用国光施它活，快速补充植物所需的高活性物质，使植物生长健壮、适应环境能力增强，可以有效提高苗木的成活率。

12 瀑布景观及伴生环境
13 春意郁郁
14 动态水景及伴生环境

5 . 项目总结 /PROJECT SUMMARY

本项目有效地营造出舒适怡人的园林空间，施工技术精湛，质量优良。建筑小品工艺精良，体量得当，造型别致；地形坡度自然，排水设计合理，满足植物的种植要求，与环境融为一体；苗木种植严格按规范进行，选型优美，生长良好；植物配植层次丰富，布局合理，疏朗有致，季相变化丰富，色彩搭配合理，得到了业主与甲方的高度认可。

15~17 景观小品细节局部

“04

盛天东郡

SHENGTIAN EAST PALACE

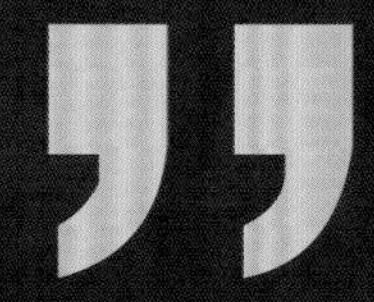

建设单位：盛天集团

建设地点：广西南宁

建设规模：4.5 万平方米

设计单位：普邦园林规划设计院

主要设计人员：吴稚华、虞左宜、叶步韵、杨亚军、严载烽、龙晓华、陈雨恬、邓继发、高慧萍、张玄、周燕妮、陈利华、李立、李子文、肖茵、侯佳红、苏国权、陈兰芬、吴学良、张雅思

施工单位：普邦园林南宁分公司

主要施工人员：何高贤、叶惠荣、施国发、邱英祥、黄颖、赵伟、周敬禄、蒋铁军

1. 项目概况
/PROJECT OVERVIEW

项目位于广西壮族自治区南宁市，属湿润的亚热带季风气候区，阳光充足，雨量充沛，霜少无雪，夏长冬短，年均降雨量达1304mm。夏季潮湿，冬季稍显干燥，季节分明。南宁一年四季绿树成荫，繁花似锦，物产丰富。

项目规模约 4.5 万平方米，通过沿街商业区、综合性会所、高层住宅、城市别墅 4 个区域的景观营造，力求打造出清新自然、别具一格、富有时尚感的园林景观。

1 全园鸟瞰效果图
2 住区入口景观

2. 设计理念
/*DESIGN CONCEPT*

本项目以“生态最大化”为基本原则，从地形的营造、群落的构建和植物的造景三方面入手，力求实现从设计到施工的全方位生态化。同时，追求设计上的节奏与动感，营造与自然的亲近感，让住户产生回家的温暖。

3. 艺术手法
/*ARTISTRY*

本设计以自然为蓝本，追求硬质景观与软质景观的和谐统一。摒弃复杂装饰，采用简约和极富动感的造景要素，配合极具风情的建筑特色，营造自然、和谐、生态之美。在植物造景方面，更多选用适合南宁气候条件生长的乡土植物，利用靠近广西药用植物园的区位优势，将药用植物与疗养园林的概念引入生活社区。

3~5 会所效果图
6 住区次干道实景

6

7 亲水观景平台
8 热带风情步道
9 雕塑喷泉
10 半开敞式林下空间

8

9

4. 技术措施
/TECHNICAL APPROACH

（1）伴随地势变化的铺装线条：在入口广场处，运用视觉感强烈的铺装线条，随着地势的升高蜿蜒延伸，指引向居住区。通过营造不同的空间类型、模拟自然溪涧、搭配现代雕塑等元素，为全区奠定了生态自然的基调。

（2）空间的结合与延续：园区内的泳池景观增加了新颖的空间体验，室外泳池与室内泳池紧密相连，空间得到极大限度的延续，共享园林。

（3）石材、不锈钢、垂直绿化等新材料、新技术的运用，使现代建筑与自然园林在无处不在的细节当中得到融合。在植物配置上，以南宁乡土树种为主，辅以多花、香花植物，通过多层次植物布局，营造开合适宜、视觉丰富的园林空间，形成一种健康清新、优雅别致的生活氛围。垂直绿化与建筑的完美结合成为本项目亮点。

11 住宅入口旁景观水池
12 因地制宜的理水形式
13 宅前游憩步道

12

13

14

15

16

14 住区中的儿童游乐设施
15、16 园内精致的装饰
17 住区休闲步道

17

5 . 项目总结
/PROJECT SUMMARY

本项目由沿街商业、综合性会所、高层住宅、城市别墅组成，以“接近自然”的园林设计手法，力求营造一种亲近自然的感觉，使建筑与绿化、水景和谐统一，让住户对回家产生真挚的盼望。园林景观风格统一，在有限的空间里最大限度融合，时尚商业、高层住宅、高端会所、绝版城市别墅，配合各自空间的功能需要，在紧密的空间中合理布局，使每个观赏点都能欣赏到精美的景观。

18 园区入口小品
19 阳光草坪实景
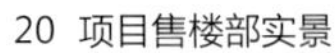
20 项目售楼部实景

20

“05

盛天果岭

SHENGTIAN GUOLING

中国风景园林学会“优秀园林绿化工程奖”金奖
广州市“优秀工程勘察设计奖”三等奖

建设集团：盛天集团
建设地点：广西南宁
建设规模：5.1 万平方米

设计单位：普邦园林规划设计院
主要设计人员：刘畅、陈科、高慧萍、杨亚军、莫子霞、龙晓华、陈雨恬、李立、周燕妮、陈仲庭

施工单位：普邦园林南宁分公司
主要施工人员：何高贤、梁永红、黄颖、章利明、官坤宾、周敬禄、陈小中、何远建、沈鸿、叶伟波

1

1. 项目概况
/PROJECT OVERVIEW

项目位于南宁市兴宁区长罡路，西靠长堽四里，东靠长堽路五里、毗邻快速环道，南望埌东新区，占地面积 6.7 公顷，园林面积约 5.13 万平方米。

项目延续南宁绿城的“人居生活城市”概念，充分利用原有山地及当地的绿化植物作为景观元素，通过合理的空间布局和对树木形态、观赏要素以及习性的巧妙配搭，紧扣“果岭”的建设主题，营造生态、写意的“绿生活”。

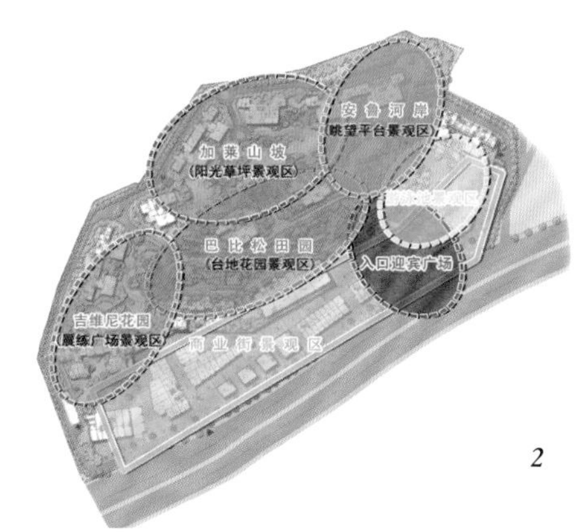

2

1 盛天果岭平面图
2 功能分区图

2. 设计理念
/DESIGN CONCEPT

项目的风格定位为“新都市 • 自然生活、闲情”，“写意 • 生态 • 艺术”是本项目的景观核心，其中建有立体水景 10 座、泳池区 1 套、景观花架 3 座、景观亭 2 座、儿童游乐场 2 个，每一项都是做工精细，细节处理更是处处体现精致、完美。

3 入口标志景观
4 住区阳光小径
5 特色园林雕塑
6、7 灵活的高差处理

5

6

7

8 低密度花园空间　9 景观桥实景　10、12 灵活多变的道路空间　11 通透开敞的屋顶绿化　13 住宅入口景观鸟瞰

10

12

11

13

14

15

3. 艺术手法
/ARTISTRY

扩大“生态”的概念，从植物选择、生态群落、地形营造上落实生态的原则，创造和谐的人居环境，务求让居住空间“以人为本”，营造适合使用者的园林生活空间。

园林构筑物施工精巧，工艺细腻，特色园灯为纯手工打造，造型别致，让人文与自然结合，营造真实而亲切的景观空间。植物配置上，更多选用适合南宁气候条件生长的乡土植物，局部加以果树点缀来配合项目的“果岭”主题。建筑依山地而建，成为自然环境生长的“硕果”，创造出一个风景如画般的高档住宅景观区，将田园式的生活概念表现得淋漓尽致。

4. 技术措施 /*TECHNICAL APPROACH*

本项目利用台地式景观元素将位于不同高程的功能分区和景观主题贯通，让大高差空间融合在步移景异的景观空间中。

（1）标高严格统一，石材铺贴采用干挂技术。园林构筑物复杂多样，有景观亭、“曲水流云”大型水景项目、景观花架、活动广场、入口水景平台等。大型水景跌水口多，需要严格统一水面高度，以保证整齐的跌水效果。跌水侧壁采用石材干挂措施处理，石材饰面接合处换用泥胶勾缝，保证饰面不出现返碱露白现象。所有弧形、异型石材采用成品加工，曲线优美顺滑。

（2）植物空间营造别具特色，形成有效的视觉分割。景观以“曲水流云”景观区为中心，旁边景观亭伫立在地形最高处，与水景融为一体。各景区若隐若现隐藏在浓浓的绿意之中，有效地形成了视觉分割。

18

14 泰式休憩亭
15 特色台阶绿化分隔带
16 简洁的植物镶边处理
17 屋顶绿化处理
18 丰富的植物退台式绿化

16

17

5 . 项目总结 /*PROJECT SUMMARY*

本项目的成功之处，在于巧妙运用具有 15m 高差的原生坡地，与自然环境结合为一体，将植物空间营造运用到极致，或私密，或开阔，但全部都沉浸在浓浓的绿意之中，让人心旷神怡。该项目得到了甲方的高度评价。

"06

清远万科城

QINGYUAN VANKE DREAM TOWN

建设单位：万科集团

建设地点：广东清远

建设规模：3.4 万平方米

施工单位：普邦园林广州分公司、直属分公司、海南分公司

主要施工人员：刘成、刘威、李卓权、黄嘉辉、唐帮颖、古海波、谭海龙

1 万科城场地概况分析图

1. 项目概况 /*PROJECT OVERVIEW*

本项目坐落于有“广州后花园”之称的清远市，属东亚亚热带季风气候区，最低气温为 1 月份，最高气温为 7 月份，年平均降雨量 1900mm，年平均无霜期为 314 天。

建设地点处于万亩群山怀抱、千亩碧湖守候之地，自然条件得天独厚。整个园林景区以湖为中心，各项园林设施呈弧形设立于湖岸，形成由景衬湖、由湖映景的特色景观。

2. 设计理念
/DESIGN CONCEPT

以“近自然”为基本理念，将原有的自然元素植入现代建筑群落中，通过木、石等材料的精致搭配，以及对结构、空间、光影的精确把握，真正形成人文与自然高度融合的景观空间。

3. 艺术手法
/ARTISTRY

因地制宜，采用借景、对景、分景、隔景等多种造园手法来组织空间，营造园林中曲折多变、小中见大、虚实相间的景观艺术效果。结合平层屋檐、落地窗、木栅栏等建筑元素，体现出景观细部与自然要素的融合；景墙、广场、平台上注重石材、仿木材质的搭配使用，自然的原色调外观带给人质朴气息；流畅的植被线条、简约小品造型、错落有致的空间造景，共同构筑了品位至上的园林空间。一道道微风吹过，远处湖心喷泉飘来的雾气使得整个园林景区氤氲缭绕，四周高大繁茂的乔木焕发着无限的、如春天般的生机。

5

6

2~4 中心广场与雕塑喷泉
5 夜景灯光设计
6 湖心喷泉

4. 技术措施
/TECHNICAL APPROACH

本项目开工时天气炎热，工期只有短短一百来天的时间，而且工程量大、场地分散、材料运输不方便。通过以下几点措施，及时赶在甲方开放景区的节点前完成工程：

（1）对图纸二次深化，建立直观的立体模型。严格审查图纸，提出自己的修改、优化意见，并且运用 SketchUp、3ds Max 等软件建立立体模型，方便、直观，以加深技术人员对项目的理解。

（2）规范项目管理，严格控制成本。施工过程中对河砂、灰砂砖、石材、管道等材料集中分类放置，避免材料散置施工现场而出现浪费现象；机械用品由仓库统一看管，施工班组领用工具需由施工员统一按需派发，并由仓库管理人员记录借出时间和归还时间。

7 齐全的泳池配套设施
8、9 丰富的林下植配与园林设施
10 园林汀步与漏景
11 与自然相融的和谐开阔空间

8

10

9

11

12

13

12 住宅组团绿地
13 半开敞式林下空间
14 丰富多样的滨水景观空间
15 项目鸟瞰实景图
16 自然闲趣的休憩空间
17 大面积水体景观

14

16

15

17

18 屋顶休憩设施
19 水景喷泉及休憩亭
20、21 宅旁安静休息区

19

20

21

5 . 项目总结 /*PROJECT SUMMARY*

通过科学合理地安排施工节点，形成周密的施工计划，与甲方、监理、设计师建立良好的沟通机制，后期的维护及保养服务同样认真对待，让业主赞扬有加，充分体现了普邦园林公司良好的服务质量和精益求精的工作态度。

“07

重庆融汇温泉度假村

CHONGQING RONGHUI HOT SPRING RESORT

”

中国风景园林学会“优秀园林绿化工程”金奖

建设单位：融汇集团

建设地点：重庆

建设规模：14 万平方米

施工单位：普邦园林成都分公司

主要施工人员：郑凯应、潘庆澍、张名博、邓伟明、樊先贵、康庄、谭鹏、陈怀生

1 曲线流畅的园林水系

1. 项目概况
/PROJECT OVERVIEW

本项目位于重庆市沙坪坝区，属亚热带季风性湿润气候区域，冬暖春早，夏热秋凉，四季分明。无霜期长，空气湿润，降水充沛；太阳辐射弱，日照时间短；立体气候显著，资源丰富。重庆多雾，年平均雾日达104天，素有“雾都”之称。

项目规划面积约3万平方米，是国内唯一集露天温泉、室内水疗、温泉水乐园及SPA为一体的城市休闲温泉项目，是重庆市打造“温泉之都”的标志性工程。

2

3

2 退台式多层次绿化
3、4 绿树掩映下的景观亭
5 形式多样的驳岸设计
6 温泉与休憩空间局部

7

2. 设计理念
/DESIGN CONCEPT

充分利用当地地理与自然环境优势，突出亮点、追求卓越，力求营建优质的一体化温泉体验项目，配合重庆市的城市规划热点，为打造“温泉之都”树立标杆，创建品牌。

3. 艺术手法
/ARTISTRY

为突出温泉的自然属性，大面积使用火山岩，使硬质景观与水体完美融合。水电方面，采用强化灯光效果的措施，以形成优美怡人的夜景；增加喷雾系统，融入了“雾”的景观元素，与重庆“雾都”的称号形成呼应。植物配置方面，以本土植物为选择重点，适地适树，形成错落有致、富于变化的自然空间，可谓妙趣横生。

8

9

10

7 池边喷水式景观小品

8~10 色彩层次丰富的景区绿化

4. 技术措施
/*TECHNICAL APPROACH*

（1）大胆创新，应用新材料、新工艺。为淡化火山岩粗糙的质感，在施工过程中进行了特别处理，在保证整体观感的同时，采用特制白色勾缝剂与灰暗的火山岩形成色彩反差。为保证勾缝效果，经过多次试验，成功研制了白色石英砂勾缝液，使整体效果与施工质量都得到了保障。

（2）规范养护过程，保证景观效果。为保证景观效果与苗木成活率，公司形成了一套全面、规范的养护流程，包括日常的淋水、施肥、松土、除杂草等，在很大程度上提高了景观质量。

11 大面积使用火山岩的驳岸铺装

12 依据山城地形变化而设计的景观

5 . 项目总结
/*PROJECT SUMMARY*

项目的成功之处在于建立了良好的沟通机制和协调措施，放眼全局、提前介入，主动与相关的施工单位协商与协调，将相互交叉施工影响降到最低，努力营造友好、合作的施工氛围。始终以保证质量作为施工的首要宗旨，做到对施工过程及材料层层把关，并对施工半成品和成品做好保护。在保证质量的前提下，顺利且按时完成工程任务，得到建设单位的高度评价。

13、14 安静的休憩式温泉空间
15 开放交流式泳池空间

14

15

第三部分

低价高效园林建设

Low-cost and high efficient garden construction

建设成本的限制是长期制约风景园林发展的瓶颈之一，因此，低成本、高品质的景观设计成为当下园林建设的重要课题。从社会方面来讲，为居民提供和谐舒适、生态自然的人居环境，兼顾成本节约，是园林工作者进行园林建设的基本要求。从企业方面来讲，在满足建设单位要求且能合理表达设计思想的同时，降低建设成本，是企业创收盈利的重要手段。所以，对低价高效园林的建设理论和建设方法进行全面研究，并转化为生产实践，是未来园林建设的重要发展方向。

The limitation of construction costs is one of the bottlenecks that have restricted the development of landscape architecture for a long time, therefore, low-cost and high-quality landscape design has become an important subject of the current landscape construction. From the social aspect, providing residents with harmonious, comfortable, natural and ecological living environment, taking into account the cost savings, is the basic requirement for the landscape construction of garden workers. From the business perspective, meeting the requirements of construction unit and express design ideas reasonably at the same time, reducing the cost of construction, is an important means that enterprise generating profit. So, conducting a comprehensive study on the construction theory and construction method of low-cost and high efficient gardens, transforming it into production practices, is an important development direction of landscape construction in the future.

”

设计创造价值：低价高效园林的现实意义

Design create value -- the realistic meaning of the low-cost and high efficient garden

园林的建设成本长期制约地方风景园林的发展，由于经费有限，许多城市会选择少建或盲目建设城市绿地，继而出现城市绿地少、质量差、不能满足居民实际需求等一系列问题。因此，在建设和维护资金普遍短缺的形势下，实施低成本、高品质的景观设计策略具有重要的意义。从社会方面来讲，为居民提供和谐舒适、生态自然的人居环境，兼顾成本节约，是园林工作者进行园林建设的基本要求。低价园林为普遍建设城市绿地，为低收入人群提供健康、美好的生活环境提供可能。从企业方面来讲，在满足建设单位要求、合理表达设计思想的同时，降低建设成本，是企业创收盈利的重要手段。所以，对低价高效园林的建设理论和建设方法进行全面研究，并转化为生产实践，是未来园林建设的重要发展方向之一。

一、低价高效园林的基本内涵

（一）低价高效园林的概念

低价高效园林目前没有一个统一的定义，北京林业大学董丽教授在 2003 年提出了“低成本风景园林”的观点：在寻求实现风景园林价值、保证风景园林品质的前提下，通过场地的合理开发、资源的科学选取、施工技术的良好运用以及可持续理念的后期维护，最终实现园林建设成本的总体降低。

（二）节约型园林与低价高效园林的区分

节约型园林与低价高效园林的概念既有相同之处又各有侧重点。在设计理念上，两者都强调园林建设的最少资金投入，前者强调管理与维护，后者侧重于前期投入。节约型园林主要解决的问题是减小园林建设对自然环境的影响，注重的是长期发展的资源节约，为实现这一目标，允许短期的资源与资金的大量投入，没有受到建设资金的限制。而低价高效园林主要解决的问题是在建设成本受到限制时，在不破坏自然环境的前提下，运用最少的资金建设，满足生态、社会、美学与文化功能的需求。

二、低价高效园林的设计原则

低价高效园林旨在成本制约的条件下实现高品质、景观效果最优化的园林作品。基于此目标，其基本设计原则如下：

（一）因地制宜，合理开发

在尊重原有场地现状的基础上，最大程度地运用场地内自然资源造景。以生态优先为基本原则，科学合理地布置各类景观要素，减小开发建设对原有生态环境的破坏，降低后期生态修复所需投入的成本，实现建设材料的节约。

（二）“以人为本”思想的落实

风景园林是人类思想、需求与自然元素相结合的产物，园林的社会价值定位必须满足公众对于生活的各种功能需求。要在充分考虑居民使用需求后，结合场地具体实际情况，优先考虑使用性价比高的建设材料，争取用最小的投入实现园林基本功能需求。

（三）节约人力资源，合理规划施工周期

在安排工作进度时，要减少因为工作流程不规范、操作不合理以及人员专业程度不够等原因造成的工期延长、材料浪费、返工建设等增加成本的问题发生。

三、低价高效园林的设计思路

（一）保护优先，杜绝大拆大建

（1）在开发前对场地的现有资源进行调研与分析，有效地保留现状资源。

（2）重点考虑采用场地周边出产的建设材料，降低运输成本。提倡材料的二次利用，对仍有使用价值且经过科学评估对人体无害的废弃材料进行再利用，降低材料采购成本。

（3）预估场地使用频率和强度，根据场地设施的破损率来进行材料的选择，并有效地实行材料的循环利用。

（二）充分运用自然资源，减少人工的干预与建造

最大限度利用自然资源，既能减少对自然环境的人工干预，又能使风景园林在自然环境中更好地适应与发展，也是节约风景园林资源成本、能源成本、维护成本的重要途径。主要包括：

（1）对原有自然山水的应用。在进行园路和景点设置的过程中，要充分考虑到原有地形的变化，做到因地制宜，随形就势，避免片面追求景观而进行大拆大建。

（2）对原有动植物资源的运用。乡土动植物资源已经适应了当地的气候环境，不需要额外投入人力、物力去维护。因此，在园林造景的过程中，应尽量选用乡土树种，吸引本土动物，创

造一个富有生机的园林环境。

应在对场地现有资源进行充分调研的基础上，减少外来工程的过度介入，避免对现有动植物栖息地产生负面影响，使投入成本降低。

（三）注重本土材料的运用，突出地域文化特色

在缺少建造资金的情况下，多利用地方性材料，可以大幅度地降低建造成本。本土材料采购途径方便、来源多且距离近，可以降低运输成本。与外来材料相比，本土材料更适应当地的自然环境条件，能够形成与环境融为一体的美学效果。

在植物选择方面，乡土植物优势明显：

（1）乡土植物作为本地常见树种，采购的来源广泛，价格较低，节约了采购成本。

（2）乡土植物对当地环境的适应性较强，不需要过多的精细化养护，相对节约了人工的维护成本。

（3）乡土树种可以较快地形成绿化效果，取得较好的生态效益，形成突出的地域文化特色。

四、低价高效园林的现实意义

当前，因为普遍存在资金不足的问题，风景园林的建设发展、园林景观的品质实现以及后期的维护效果都受到了很大影响。低价高效园林的深化研究，对重新树立城市园林建设的重要性和基本价值观具有重要意义。低价高效园林一方面可促进城市绿地数量增加，使园林在满足基本功能的情况下得以广泛实现，给人们的生活营造一个开放的、健康的、自然的绿色空间，特别是经济发展落后的地区，即便资金紧张也绝不能留下城市绿地建设的欠账；另一方面，强调了“人本思想”和自然生态的回归，只有在生态效益上进行充分考虑和投入，才能通过生态增值而获得更高的景观价值。

保利红珊瑚

POLY RED CORAL

建设单位：保利地产

建设地点：广东东莞

建设规模：12 万平方米

设计单位：普邦园林规划设计院

主要设计人员：吴稚华、陈科、高慧萍、杨亚军、林良鹏、张玄、龙晓华、陈雨恬、李立、周燕妮、叶步韵、陈仲庭、严载烽、刘裕庭、莫子霞、邓继发

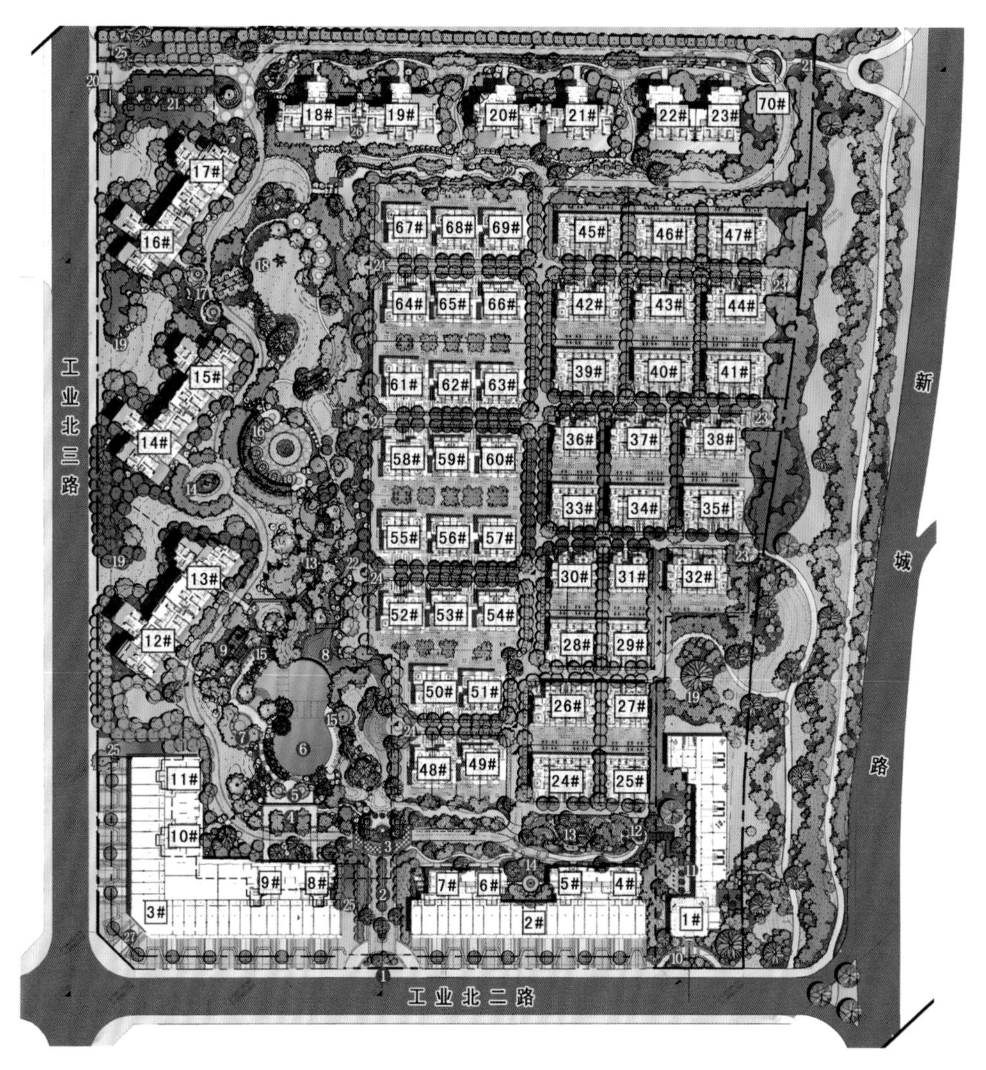

1 总平面图

1. 项目概况
/PROJECT OVERVIEW

项目位于东莞松山湖新城路，属亚热带海洋气候区域，温差小，大气对流旺盛，空气自净能力强，常年降雨，年降雨量大约为 1750mm，极少台风灾害。

规划绿地总面积为 8 万平方米，坐拥国家级松山湖开发区的各项利好，附近有高端企业进驻，大量精英人群云集周边。项目以高层区和别墅区的景观为设计重点，精心打造下沉式泳池和入口花园，结合别墅车道两侧植物组团序列的多样变化，营造出一种清新自然、优雅别致的生活氛围。

2 户外景观鸟瞰
3 蜿蜒流畅的道路空间
4 售楼部室外景观效果图
5 临水平台效果图
6 主入口效果图

4

5

2. 设计理念
/DESIGN CONCEPT

本案的设计以“低价高效”为基本原则，旨在控制景观成本的同时，追求景观效果的最大化以及居住体验的最优化，提高景观的性价比和投入的产出比。同时，充分考虑别墅区的景观要求，结合周边环境和居住人群的整体素质，打造高贵、典雅的居住空间。

6

3. 艺术手法 */ARTISTRY*

高层区景观设计追求简约、质朴，营造自然、典雅、高贵的简欧风格；别墅区景观设计则侧重营造优雅、含蓄的英伦风情，两个景观空间有机互动、相互融合，形成了一个收放有致、和谐有序的景观系统。植物配置方面，以乡土树种为主，辅以多花、香花植物，按照乔木、灌木、草本的组合搭配，协调植物之间的节奏与韵律。高层区的地形变化丰富，开放的大草坪配以疏林种植而形成开阔的景观空间，局部的配置也注重群落层次的构建。别墅区主要营造开合有致、层次丰富的植物空间，从开敞到封闭，从点状到面状，富于变化而又协调统一。

7 休憩空间鸟瞰

8 基础设施
9 枯山水景观营造
10 欧式入口景观
11 开合有序的植物空间

4 . 技术措施
/*TECHNICAL APPROACH*

项目每平方米造价限制在 400 元以下，因此，在方案设计时，既要使绿化效果满足别墅区的景观需求，又必须按照甲方的造价要求严格控制成本。为此，总结出以下技术方法：

（1）高层区采用不同标高的地下室顶板，营造地形的变化，而且配合建筑下沉的空间设计，将泳池区域设计为半下沉式，从而减少土方的挖掘与填埋，节约了施工成本。

（2）别墅区通过绿化设计过程的标准化，将别墅车道两侧的植物序列和围墙的序列变化统一为标准段设计，进而提高出图效率和简化施工流程，节约了时间成本。

（3）植物配置时，不同于一般高、中、低三个层次的绿化设计，采用量化分区的方法，实现从点到面的片状种植来区分不同的绿化区域，并且增加疏林草地的设置，进一步降低了材料成本。

9

10

11

5 . 项目总结 /*PROJECT SUMMARY*

本项目控制成本的成功之处，在于标准化设计和植物空间的合理选择。标准化过程，能够节约人力成本和时间成本，而植物空间的合理选择，特别是根据设计风格和配置原则，避免盲目“填绿”，可以节约材料成本。综合两者，既能够保质保量完成工作，又可以缩短施工进度，从而在甲方之中树立了良好的品牌形象和口碑。

12 尺度宜人的住区道路
13 植物结构丰富的山地小径

14

15

16

14~17 别墅入口植物景观

“02

南宁公园大地

NANNING PARK WORLD

中国风景园林学会“优秀园林工程奖”金奖

建设单位：融晟集团

建设地点：广西南宁

建设规模：7.5 万平方米

设计单位：普邦园林规划设计院

主要设计人员：陈上港、卢荣辉、吴桂灿、刘梦洁、关灿强、严允杰、陈炽敏、吴棉欣、黎小田、梁永平

施工单位：普邦园林南宁分公司

主要施工人员：叶惠荣、陈少忠、邱英祥、刘德波、巫和欢、赵伟、黄贵斌、詹家悦、赵伟、黄贵斌、詹家悦、蒋铁军、何高良

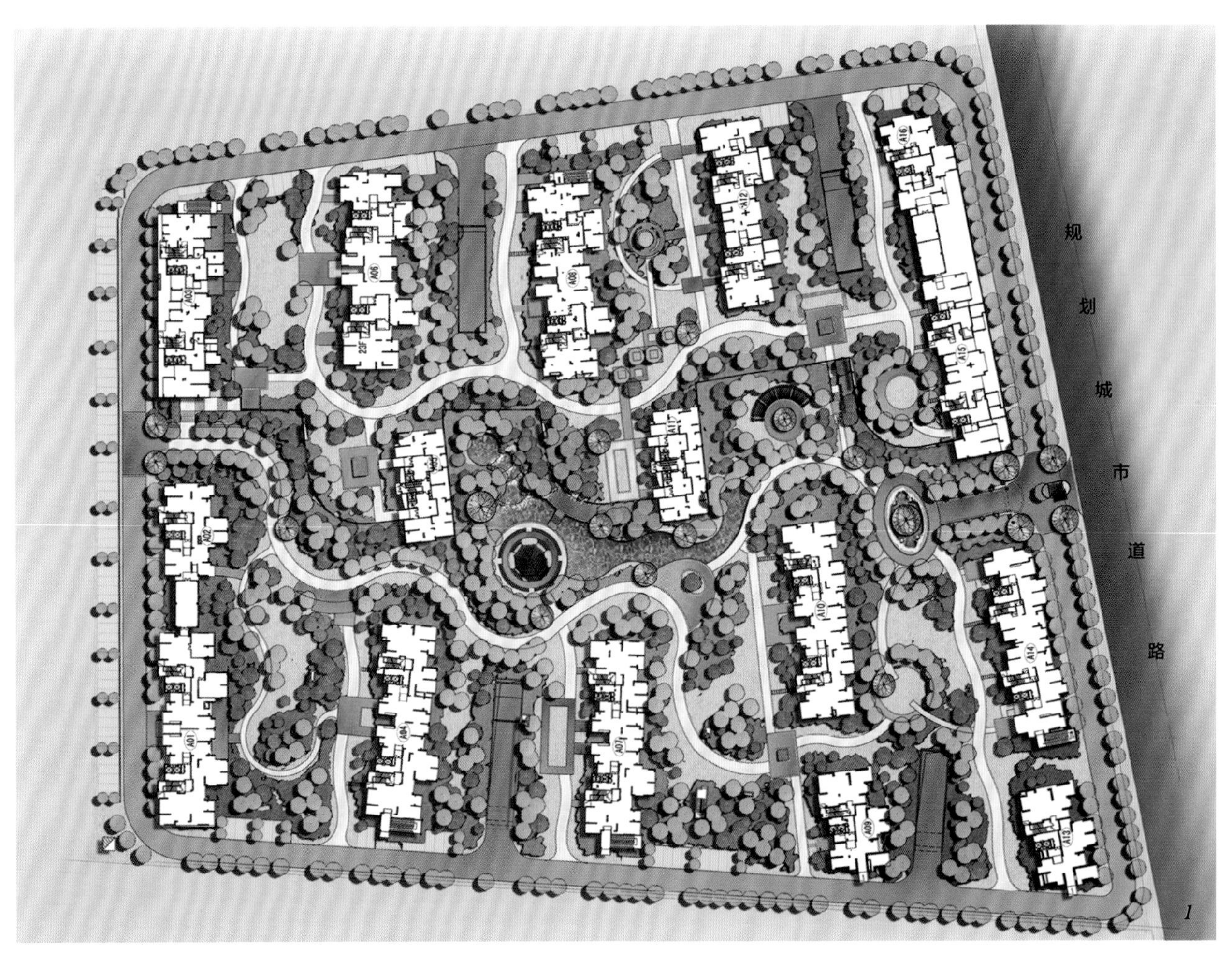

1 总平面图

1. 项目概况
/PROJECT OVERVIEW

本项目位于南宁市沙井大道中，属湿润的亚热带季风气候区域，阳光充足，雨量充沛，霜少无雪，夏长冬短，年均降雨量达 1304mm，平均相对湿度为 79%，炎热潮湿。一年四季绿树成荫，繁花似锦，物产丰富。项目施工面积为 6.04 万平方米，由主入口景观、次入口景观、中心观景湖、室外泳池等多个景观构成，以期打造时尚的现代住宅小区。

2 休憩空间效果图
3、4 休闲园路效果图
5 项目主入口效果图
6 景观亭效果图

6

7

8

7 琉璃翠湖全景
8 闲庭听瀑
9 风格多变的园内景亭

9

2. 设计理念
/DESIGN CONCEPT

本项目以打造精美的现代住区景观为目标，以"低价高效"园林为先导，在追求园林景观效果最大化、最优化的同时，将成本降到最低。

10

3. 艺术手法
/ARTISTRY

对原有地势进行仔细推敲，结合景观立面详细斟酌，将绿化空间地势营造为流畅的起伏状，既满足了排水要求，又增加了景深，丰富了空间的景观层次。植物配置方面，在主入口区域选用大规格香樟树，以列植的形式形成视觉冲击力，营造简约、大气的景观效果；在中心观景湖沿岸区域，则以蒲桃、串钱柳、鸡蛋花等小规格乔木配以假连翘、鸭脚木、海芋、花叶良姜等灌木和地被植物，形成层次丰富的植物景观，体现自然之趣。同时，以亲水平台、景观亭、花架、开放式草坪等舒适的邻里交流空间，引导人们走出室外，营造温馨舒适的生活氛围。

11

12

13

14

4 . 技术措施
/TECHNICAL APPROACH

（1）高层区顶板采用卵石排水方式，有效解决了顶板排水问题。顶板排水是施工过程中的一个难题，我们通过更换材料，采用卵石作为渗透基质，解决了这一难题，最终效果良好。

（2）通过减少硬质景观、增加软质景观，有效控制成本。适当减少建筑小品、铺装等硬质景观的比重，增加植物、水景等软质景观，既能营造出幽静自然的景观效果，发挥植物、水景等软景在改善生态环境方面的作用，实现居住区园林景观的可持续发展，又降低了造价成本。

（3）合理选用材料，降低施工成本，真正做到"低价高效"。选用本土植物，一方面运输距离短，节约了运输时间和运输成本；另一方面，乡土植物适应性强，移栽后成活率高，养护成本低，同时能够凸显地域特色，体现风土人情。项目中还挖掘了大量优质的本地石材，替换昂贵的外地材料，降低了采购成本和运输成本，同时节省了材料采购时间。

10 项目主体雕塑
11 风格别致的内景亭
12 绿影悠悠映花廊
13、14 妙趣横生的园林小品

5 . 项目总结
/PROJECT SUMMARY

本项目工期短、工程量大、质量要求高、交叉作业多，又逢冬季和雨季，我们以良好的团队合作精神对待每道工序，严格要求，精心组织，确保了工程工期和质量，而业主和住户的认可及中国风景园林学会颁发的“优秀园林工程金奖”则是对普邦园林公司的最大肯定。在整个施工中，我们始终严格要求，确保工程“安全和质量第一”的宗旨，得到建设方和业主的一致好评。

15 亲近自然的林荫小径
16 古典雅致的艺术花门
17、18 风格突出、用色大胆的艺术构筑物

17

18

“03

保利东湖林语

POLY EAST LAKE

”

第四届中国环境艺术金奖
2015 年度精品园林奖（设计类）银奖
广东省“2015 年优秀园林景观专项”二等奖
广州市“2014 年优秀工程设计”二等奖

建设单位：保利地产
建设地点：广东佛山
建设规模：11.2 万平方米

设计单位：普邦园林规划设计院
主要设计人员：莫少敏、易玲、陈振山、全小燕、杜壬、黄慧亮、邓小玲、吴迎、林洽砖

1

1. 项目概况 */PROJECT OVERVIEW*

本项目位于佛山市南海区狮山镇，该区域属亚热带季风性湿润气候，雨量充沛，炎热潮湿。

项目设计面积为 11.2 万平方米，以简约英伦风情与现代手法相结合的设计风格为主体定位，以“水”为景观联系的纽带，结合原有地形、地貌，充分运用水景、建筑、绿化及小品等多种艺术元素挖掘英伦深厚的文化底蕴，进而营造出具有自然、大气、豪华、内敛的英伦贵族特色精品住宅景观。

1 项目总平面图

2~6 收放自如的园林空间处理
7 色彩明艳的入口景观

2

3

4

5

6

2. 设计理念
/DESIGN CONCEPT

项目的景观空间围绕整体建筑风格布局，以英伦风情设计为主导思想，利用几何线条关系和空间层次的融会贯通，将各具主题特色的组团空间连为一体，达到景观艺术性与功能性的和谐统一，营造出高档次的景观氛围，提升项目整体价值。

3. 艺术手法
/ARTISTRY

英式风格在西方文化中以其特有的浪漫、开明、华贵等特质，深受中国人民喜爱。此项目的设计，我们在文化内涵和品牌效应上做了合理的调整，不是向泛泛的英伦文化靠拢，而是向英国特色文化概念和历史致敬。打造自然生态、气宇非凡的空间，整体以轴线来组织景观，在空间层次的营造上采用英国传统自然园林的手法，以期达到空间收放自如、景观生态自然的效果。延长游园路线，打造出丰富的生活体验，建成后空间感受远大于实际建造面积。

8

4．技术措施
/PROJECT SUMMARY

8 仿自然的挡土墙面层处理
9、10 层次清晰、色彩明亮的植物景观
11 阵列式花钵布置形成夹景

（1）模拟自然的生态群落。参照英国的植物种植手法，运用具有浓厚地域风情的植物品种，配植出具有丰富三维空间的植物景观。

（2）以人为本，创造具有生命活力的多元感悟空间。在植物群落的空间围合形态上，注重人在不同空间场所中的心理体验与感受变化，从林荫小径到树林广场，再到缓坡草地，形成疏密、明暗、动静对比，并充分利用大自然，投射出如幻的光影变化，创造出具有生命活力的多元感悟空间。

（3）巧用意蕴丰富、富有英式特征的景观小品。园林小品是整个园林的点睛之笔，在小区的组团和空间的起承转合之处，均布置造型优美、丰富的英式风情小品或雕塑，强化浓浓的异域风情。

9

10

11

12

13

12 休憩广场鸟瞰
13 宅旁自然式绿地鸟瞰
14 住区旁简约型组团式绿地
15 景观小品

5. 项目总结 /*TECHNICAL APPROACH*

项目设计以英国园林为参照，以英国特色文化概念、背景为切入点，避免走向泛泛的英伦文化，营造了贴近实际、原汁原味的英式园林。整个项目简约、大气，在形成良好景观效果的同时，使整个成本控制在一个较低的范围内，性价比较高，得到了甲方的高度评价。

“04

顺德美的翰城

SHUNDE IVY LEAGUE

”

建设单位：美的地产

建设地点：广东佛山

建设规模：22.9 万平方米

设计单位：普邦园林规划设计院

主要设计人员：黎敏瑜、杜蔼恒、范学明、董志威、吴翠毅、张志荣、程秋钿、陈冠坚、廖学燕、黎卓贤、李仪、林洽砖、刘振波

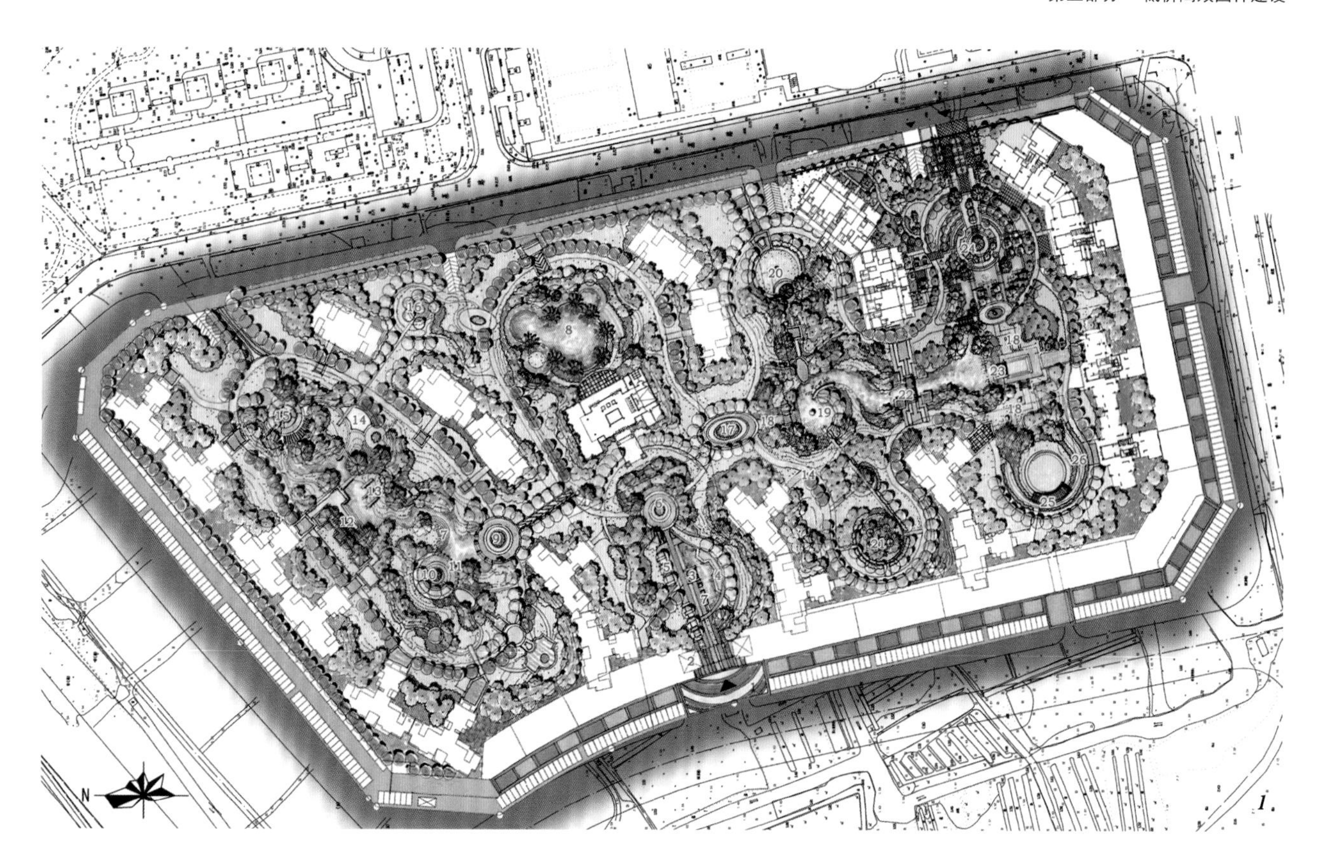

1. 项目概况 /*PROJECT OVERVIEW*

项目位于佛山市，属亚热带季风性湿润气候区，雨量充沛，潮湿炎热。项目规划面积 22.9 万平方米，由展示区以及二期、三期 3 个部分构成，着眼于打造雍容高贵的高品位住宅景观。

1 总平面图
2 观景平台实景
3 欧式观景亭实景

4

5

6

7

2. 设计理念
/DESIGN CONCEPT

本项目将“自然式”手法与装饰艺术相结合，在低成本的控制下，通过蜿蜒的湖体与曲折的园路，营造生态、休闲的生活体验社区。

3. 艺术手法
/ARTISTRY

整个展示区集中了园区中的大部分园林建筑，通过精致的装饰艺术元素，营造出园区的整体风格。售楼部后的无极泳池和各式水景强化了园区的展示效果，提升了小区档次。二期组团景观削弱了园林建筑装饰的数量，提高了软质景观的比重，既满足了生态需求，又节约了施工成本。植物配置方面，通过利用习性相似、形态和颜色各异的乔木、灌木、地被进行巧妙搭配，营造生态自然的绿意空间，同时随着四季的变化展现出不同的季节风情。注重自然生态的营造和保护，使乔木、灌丛、花卉、草地与昆虫、鸟类组成完善的生态系统，有效地改善了周边的自然条件。

4 疏影婆娑下的景观水池
5、6 灵动且庄重的景观亭
7、8 生态、自然的滨水游憩步道

8

4 . 技术措施 /*TECHNICAL APPROACH*

（1）基于线条形式的强烈装饰性，灵活运用重复、对称、渐变等美学法则，使几何造型充满诗意和富于装饰性。

（2）以方形、菱形和三角形作为形式基础，运用于铺地、贴面之中，创造出许多繁复、缤纷、华丽的装饰图案，呈现出华贵的气息。

（3）使用大枝叶、大线条的绿化树种，将植物造型抽象升华至几何造型，经过提炼的图案表现出独特的装饰性，豪华的造型中，既保留了华丽风格，又具有强烈的现代气息。

9 海螺水景小品
10 一抹翠意
11 精美细致的欧式景亭

12

13

5. 项目总结
/PROJECT SUMMARY

本项目的成功之处在于，在低成本的情况下，既营造了特色的风格，又满足了居民日常生活的需求，将观赏性及功能性保持在一个较好的平衡状态。运用精湛的装饰艺术，在设计时注意控制园林建筑与装饰的比重，相互协调统一，保证了园区的风格定位，很大程度上节约了施工成本，得到了甲方的高度认可。

12~14 自然与规则相结合的水体设计
15 入口景观设计

14

美的翰城
15

"05"

昆山富力湾

KUNSHAN R & F BAY

建设单位：富力地产

建设地点：江苏昆山

建设规模：42 万平方米

设计单位：普邦园林规划设计院

主要设计人员：叶劲枫、彭会兰、王敏熙、莫海莲、黎敏瑜、董志威、吴翠毅、张志荣、程秋钿、黎卓贤、李仪、李立、周燕妮、关永生

1. 项目概况
/PROJECT OVERVIEW

此项目位于江苏省昆山市，属北亚热带南部季风气候区，四季分明，光照充足，雨量充沛。全年无霜期 239 天，年平均气温 17.6℃，空气质量优良。

该项目是富力地产打造的高档楼盘项目，规划占地面积 67.4 公顷，东临淀山湖，西傍度城潭，全园以别墅造城，由 A、B、C、D、E 五个风格不同的区域组成，展现出浪漫的异国情调。

1 项目整体鸟瞰图
2 十字形节点处理

2. 设计理念
/DESIGN CONCEPT

本项目以“绿色、悠闲、健康”为核心理念，以“自然和谐、生态优先”为根本原则，营造自然风景式山水景观，创造和谐的别墅人居环境。坚持“以人为本”，从人的角度出发，注重细节，力求营造舒适、高品质的生活氛围。

3. 艺术手法
/ARTISTRY

延续科学造园推崇的自然生态方向，充分利用原有地形、水系及其所涵盖的其他自然产物作为主要景观元素，通过合理的布局，结合东南亚风情的硬景，营造富有生活情趣的亚热带风情别墅景观；通过具有较强主题特点的艺术小品，表现小区的文化品位和内涵，使人文与自然彼此相融；注重亲水设计，结合水生植物种植，创造多种亲水空间。

植物配置方面，提取巴厘岛等地区的设计精髓，结合本土植物特色，利用 12 种观叶、观花植物作为分区依据，赋予每个分区不同主题。主入口采用自然与规则相结合的方法，结合硬质景观，配以棕榈植物，凸显巴厘岛风情。湖滨绿化与别墅绿化均采用自然式配置手法，选用乔木、灌木和草本合理搭配，营造层次丰富、疏密有致的植物空间。

3 清风拂绿柳，碧波映云天
4、5 轻盈明快的热带风情景观

4

5

4. 技术措施
/TECHNICAL APPROACH

（1）人工湖面与自然水体巧妙结合，一举两得。区内水体与淀山湖通过闸口相连，标高较高，多雨时可开闸泄洪。平时为了保证住区内湖水质量，可利用淀山湖进行水体循环，同时通过水生植物栽种可起到净化水体的作用。

（2）车道桥的巧妙运用。由于小区整体水系连为一体，通过设立车道桥，既满足行车功能，又可以连接水体，同时还可成为局部景观的亮点。

6 清波绿影
7 丰富的季相变化
8 简约时尚的建筑立面

9

5 . 项目总结
/PROJECT SUMMARY

本项目的成功之处在于，以合理的空间布局，让高密度的楼宇隐藏在绿林当中，实现低造价、高效果的景观定位。项目延续时间长，涉及的面积广，期间经历了多次规划调整以及地基下陷、防洪护堤等专业技术处理，为公司积累了丰富的大项目操作经验。该项目低成本、高品质的设计理念，也得到了甲方的好评。

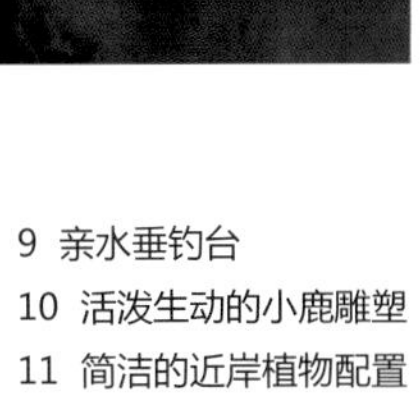

9 亲水垂钓台
10 活泼生动的小鹿雕塑
11 简洁的近岸植物配置

第四部分

低干扰开发园林实践

Development of low interference landscape practice

低干扰开发思想下的园林建设思路探讨

当下，由于人口规模不断增大、经济建设高速发展、城镇化进程持续推进等因素使得生态环境方面的问题越来越尖锐，人们深切感受到了笼罩大地的“雾霾”与雨季来临时不断出现的严重内涝危害。种种问题，都是由于城市建设过程中，不顾生态环境的大规模开发，严重影响了周边的自然环境与生态平衡。因此，低干扰开发应运而生，并将在以后的城市发展中发挥举足轻重的作用。

At present, due to the size of population is increasing, the rapid development of economic construction, the process of urbanization is promoting and other factors, the ecological environment problems are becoming more and more sharp, people feel deeply the "haze" shrouded the earth and serious waterlogging damage during the rainy season comes. These problems are causing by the process of urban construction in spite of the large-scale development of the ecological environment, having a serious effect on the surrounding natural environment and ecological balance. Therefore, the low interference development came into being, it will play an important role in the future of urban development.

”

低干扰开发思想下的园林建设思路探讨

Discussion on landscape construction under the idea of low interference development

一、低干扰概念的提出

低干扰开发（又称低干预开发）是一个相对较新的景观设计理念。我国传统造园理念中就有“师法自然”“天人合一”的提法，强调的是园林风格要尊重、贴近、模拟自然。低干扰开发即减少人为活动对自然环境的破坏，尽可能保持环境原有的空间、肌理和动植物资源，强调可持续发展。低干扰开发思想下的园林建设，一方面可避免盲目消费，避免通过巨大的工程量对环境进行不必要的改造；另一方面又强调人文关怀，强调对生活在土地上的所有人和动植物富有包容心、同情心和爱心，让每一种生物都能自由、平等地享受大自然的赐予。这就是低干扰开发思想下园林营造所要达到的最终目的。

经过多年的发展，低干扰开发思想包含的内容更加丰富。一方面，低干扰开发思想可以被认为是“一种使用各种规划与设计技术来保护自然资源系统，并减少基础设施成本的土地开发方法”；另一方面，也可以认为是“一种新的土地利用规划和工程设计方法，其目标是维持城市和地域开发前场地的自然生态环境”。

二、两种视角下的低干扰定义

低干扰开发的主要观点集中在土地开发和建设投入两个角度——城市规划和景观设计等相关部门侧重于从土地开发的角度进行定义，城市建设和后期养护管理单位侧重于从建设投入的视角进行定义。

（一）土地开发视角下的低干扰

从土地开发视角下，我们可以把低干扰开发定义为一种“增加或者没有显著降低环境质量的开发”。低干扰开发的九项标准分别为：临时的、小尺度的、不引人注目的、主要利用地方材料、保护野生生命增进生物多样性、消费低层次的可再生资源、产生较小的交通量、用于可持续目的和积极的环境效益。

低干扰开发体系的核心内容包括：减少机械工程开发量，采用模拟自然的改造措施，保护原有植被及自然水文，可持续场地设计实现对原有生态的保护，后期维护、污染控制、公众教育。

（二）建设投入视角下的低干扰

低干扰开发是基于先进、科学地模拟分析场地原有地形、水文及生态景观资源，采用低开发、低消耗、低投入理念对场地进行规划与利用的方法。减少建设投入不等同于降低建设质量，而是避免为了片面追求景观效果而造成人力、物力上的浪费。因此，在设计初期就要考虑如何充分利用现有场地的资源和优势，做到扬长避短。在进行建设材料、植物材料的选择时，要考虑到使用频率、使用强度以及后期养护力度，避免增加维护次数。

低干扰开发是一种自然的、景观式的土地开发管理方法，实现这个目标可以通过合理的规划设计手段避免对生态敏感区造成破坏，也可以运用生态材料和施工手段减少对环境产生的负面影响。倡导在设计、建设过程中以景观学方法尊重场地原有的自然生态条件，或模拟、恢复、再建场地开发前原始自然生态环境。

三、低干扰的价值意义

低干扰的内涵由关注减少开发工程量开始向开发建设场地整个生态环境的保护和恢复转移，以减少建设带来的负面影响：

（1）目标从维持场地开发前自然环境逐步扩展到对场地自然资源、生物资源和生态环境的综合保护。

（2）由自然景观要素的规划与管理，扩展到场地设计以及土地利用开发与规划的全过程。

（3）技术手段从最初的物理工程技术扩展到生态工程技术，并进一步发展到综合运用场地设计技术、生态工程技术以及教育和管理的手段。

低干扰思想的价值在于促使人们在土地开发建设中不只关注于眼前的直接利益，还要关注开发建设可能带来的不良环境影响——对周边区域的影响及对整个环境的长期影响，从而从起点上和过程中保证建设和发展的可持续性。

乡土树种可以较快地形成绿化效果，取得较好的生态效益，形成突出的地域文化特色。

四、低干扰思想影响下的园林建设思路

园林系统的建设在低干扰开发理念实现中扮演着非常重要的角色，城市生态系统的保护和修复、城市人居环境的改善与优化等方面都离不开相应园林绿地规划设计和营造措施的配合。

（一）将场地自然条件作为场地整合规划的依据

场地自然条件的分析是影响开发景观规划的基础，主要工作内容包括获取与确定场地的地形走势、水文条件、气候条件、雨水径流生成源、雨水径流路径、雨水径流分水与汇水线、动植物分布情况、古树名木分布与现状、特色景观分布等。在获取场地相关的自然地物数据后，首先应该考虑地区周边环境，明确项目建设目标和指标要求；其次应在保护环境敏感型的场地资源基础上，考虑达成设计目的的可能性和局限性。

（二）巧用造景手法，建设自然景观

低干扰开发理念下的园林建设，应更灵活地

运用各种造景手法，将场地内原有的优势景观表现出来，利用障景的手法将不良景观遮挡。通过合理组织人流的浏览路线和视线通道，将最佳的景观呈现在游人面前。植物选择方面，应尽量选用观赏效果好、文化底蕴深、群众普遍认可的乡土树种，打造可供亲近的自然生态环境。

（三）可持续性景观的创造

为了降低后期的管养费用，减少对自然环境的破坏，应采用生态造园技术，如降低不透水面积、建设屋顶绿化、修建渗水路面和绿色能源园林设施等，同时要注重土壤、植被、地形、砂石等自然景观元素的合理运用，用自然材料进行园林设施建设，强化人与环境的亲密关系。

五、低干扰开发实践的进一步思考

当今社会是快速发展的，也是浮躁的。出于政绩或商业目的的需要，新理念容易被滥用或流于口号和形式，就如同大大小小的建设项目动辄冠以“生态优先”的口号而实质却连生态为何物都不了解，这样的现象比比皆是。

虽然很早就有学者提出要避免大范围“挖湖堆山”，但是仍有不少园林项目不顾成本进行大范围建设。大面积的“构架山水”、大树移植、外来植物引种等措施，在短时间内能形成较好的绿化效果，但实质上对当地原有自然条件的破坏是巨大的。此外，化肥、杀虫剂、除草剂的大量运用，对土壤、水体以及生活在其中的动物造成了巨大威胁。因此，低干扰开发要避免类似情况，在实践过程中，要注重切实可行的技术措施和技术体系的完善。

“01

万科青岛小镇

VANKE TSINGTAO PEARL

中国风景园林学会“优秀园林工程”金奖
万科青岛小镇首开区合作方大会特殊贡献奖

建设单位：万科集团

建设地点：山东青岛

建设规模：11.7 万平方米

施工单位：普邦园林青岛分公司

主要施工人员：谭炜斌、朱亚平、朱威宇、钟海军、李权兵、许家冕、高勇贤、吴坤尧、何景华、邢益顺、温静怡、邢文

1 别墅庭院小景

1. 项目概况
/PROJECT OVERVIEW

该项目位于山东省青岛胶南市，属北温带季风气候区，年降雨量适中，夏季凉爽而潮湿，冬季寒冷而湿润，四季分明。夏季受台风影响，平均每年 2 次左右。

规划占地面积约 11 公顷，地处政府大力发展的西海岸经济新区核心，又紧邻国家 4A 级旅游景区——珠山国家森林公园，三面环山，南向面海，自然环境资源丰富。作为万科成立以来最大的景观示范区项目，通过与周边自然环境的有机结合，打造出高端、尊贵的国际半山别墅范例。

2 别墅入户台阶及植物组团
3 曲径与绿树相映成趣
4 延伸的花径与会所组景

2. 设计理念
/DESIGN CONCEPT

项目设计以“尊重自然，轻建重用”为基本原则，做到低开发、低影响。尊重场地原有的自然环境，在原有自然资源基础上进行优化、美化。避免大规模的建设施工，因地制宜，就地取材，项目整体设计与周边的有利山景高度融合，营造出磅礴恢宏的自然山地景观。

3. 艺术手法
/ARTISTRY

通过运用水杉林和毛白杨来营造背景，烘托氛围，并形成封闭空间；使用毛竹和茶田突出入口景观的亮点；大量使用春花植物，如山桃、山杏、连翘、樱花等，在迎客中心西侧山体形成春花植物景观；使用水杉、楸树、五角枫和设置大草坪来打造东侧秋色叶景观。为了体现精品景观的内容和特色，根据山地景观和生态环境要求，选用了 60 多种观赏草，在游客中心区域进行大面积种植，打造出葱茏清翠、郁郁青青的百草之园。同时，配合贯穿园内的黄木纹碎拼园路及景石，营造出野趣横生的原生态格调。

4 . 技术措施
/*TECHNICAL APPROACH*

最大限度地保留景观原貌，并对原有的地形及资源进行利用和改造，实现原生态的最大化，是此项目的重点。为避免大拆大建，减小对原有环境的破坏，总结出以下技术手段：

（1）保留地形原貌，与原有山地地形有机结合，运用地形变化，营造宏伟磅礴的山地景观。

（2）保留原有植物，如珍稀物种、大型乔木等，同时绿化以乡土植物为主，避免盲目引进外来植物造成"生物入侵"，破坏生态环境的平衡。

（3）保留原有园林建筑基础如桥体结构和园路等，增加汀步、置石及木栈道来修复并完善硬质景观。

（4）运用本土石材，低碳环保，既节省了成本开支，又与当地的自然景观相协调。

5 项目售楼部前水池实景

6~8 项目售楼部前园路铺装

9 特色自然植物组群
10 透水路面铺设
11 充满野趣的亲水平台、廊架与置石
12 富于生态情趣的建筑小品

9

10

5 . 项目总结
/PROJECT SUMMARY

低干扰开发是未来园林建设的发展趋势。此项目的成功之处在于，最大限度地运用原有场地的景观要素，在维护当地自然资源的同时，又提升了整体的环境质量，把原来处处荒凉、沙尘弥漫的大山变成了绿意盎然、生机勃勃的花园，得到了甲方的高度认可。

13 生机勃勃的花间小径
14 路旁野趣

“02

东莞鼎锋源著

DONGGUAN ORIGIN VILLA

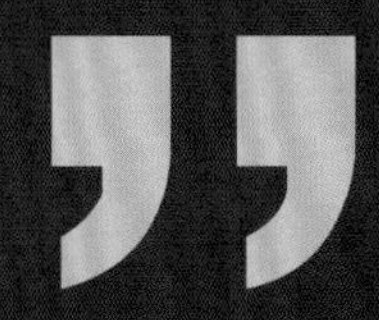

建设单位：鼎峰地产

建设地点：广东东莞

建设规模：12 万平方米

深化设计单位：普邦园林规划设计院

主要设计人员：莫少敏、吕文照、余敖、胡电智、黄琪、林珍九、袁绿娣

施工单位：普邦园林东莞分公司

主要施工人员：李常青、李金强

1 项目平面图
2 项目泳池一角

1. 项目概况
/PROJECT OVERVIEW

该项目位于广东省东莞市南城区，地属亚热带季风气候区域，长夏无冬，日照充足，雨量充沛，温差幅度小，季风明显。年极端最高气温 37.8℃，最低气温 3.1℃。

项目位于东莞植物园内，整体占地 20 公顷。小区内部依照原生地势，按照“一山一水一轴”的模式进行规划设计。园区内水系环绕，做到了户户亲水。项目整体呈岛状布局。

3

3 变化丰富、错落有致的植物群落
4 浪漫花海
5 项目主入口实景图

4

5

2. 设计理念
/DESIGN CONCEPT

项目一期为高档别墅住宅，以“追求华丽的托斯卡纳文明和营造被山林怀抱的庄园”为设计愿景。整个项目倡导“回归自然”，力求表现悠闲、舒畅、自然、浪漫的庄园生活情趣，营造出休闲、康乐、艺术为一体的新型生活方式。

6

7

8

3. 艺术手法
/ARTISTRY

景观的艺术性、场景性贯穿整个区域，每处停留空间都是生活片段的缩影，每个角落都是一幅美丽的画面。景观小品频频点缀，藏而不露待人发现，浪漫花海掩映于绿林之中。树林、庄园、草坡、曲径等成为每天归家的向导。景观用料崇尚自然，砖、木、文化石等材料体现出质朴、高雅的氛围。

6 休闲一隅
7 休闲园路与别墅区植物群落
8 自然生态的原木铺装
9 异域风情植物造景

10

11

10~12 异域风情的铺装及水池组景
13 柔和跌水与硬质景墙的完美结合

12

13

14、15 别墅区泳池局部实景
16 别墅区泳池俯瞰实景

14

15

17 休憩区铁艺与雕塑
18 精巧的铁艺装饰

4. 技术措施 /*TECHNICAL APPROACH*

项目方案由 AECOM 公司设计，普邦园林公司负责施工图设计。在深化设计的过程中，我们对 AECOM 公司的设计进行了优化，主要体现在以下几个方面：

（1）运用新材料“生态袋”进行高差处理及堆坡处理，效果良好。

（2）选用当地毛石堆砌 LOGO 景墙，造价低，效果好。

（3）无极泳池周边平台采用莱姆石铺地，生态自然。

（4）花基、挡墙等饰面材料与建筑立面协调，充分体现托斯卡纳乡野风格。

（5）别墅间的溪涧增加喷雾，使整个水景氛围效果更佳。

5 . 项目总结 /*PROJECT SUMMARY*

园林的最大意义在于实现人居环境的自然化，提供人与自然交流的平台。本项目的设计以“天人合一，创造人与自然和谐之美 " 为目标，体现了回归自然的生活理念。项目中灵活运用环保材料和本地材料，力求与周围自然环境相融合，自然而富有艺术性的景观贯穿于庄园，实现了步移景异的效果。

03

广州保利临江绿化景观带

GUANGZHOU POLY RIVERSIDE GREENBEIT

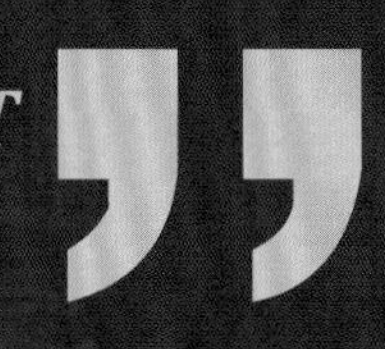

建设单位：保利集团

建设地点：广东广州

建设规模：4.5 万平方米

施工单位：普邦园林直属分公司

主要施工人员：林礼山、林闽湘、欧子阳、麦汝博、张邦行、夏鹏、林奕队、陈百军、陈少雄

1 怡人的私密休憩空间

1. 项目概况
/PROJECT OVERVIEW

该项目位于广东省广州市，属亚热带季风气候区，以温暖多雨、光热充足、夏季长、霜期短为特征。全年雨量充沛，利于植物生长，广州也是四季常绿、花团锦簇的“花城”。

该工程隶属广州亚运重点市政工程，是开启“青山绿地、蓝天碧水工程”、宣传“生态亚运”的重要工程，同时也是广州“城中村改造”的最大项目工程之一。施工面积约 4.1 万平方米，主要包括园林建筑工程（种植池、景墙等）、园林绿化工程（整地、换土等）、园林水电安装工程（景观照明、水景电气设备等）以及亲水平台的饰面铺装工程。

2

2. 设计理念
/DESIGN CONCEPT

本次改造既反映“琶洲新村新生活”的设计主题，又体现“生态亚运”的人文理念；既保留了原有琶洲码头及原有古树名木，又增添别具一格的 “源于自然又高于自然”的园林景观，传承琶洲百年来的人文历史文化。

3. 艺术手法
/ARTISTRY

本工程主要为绿化景观工程，由于地块地形狭长、地势平坦，为融合珠江水景及琶洲塔公园景观，采用了堆土坡形式塑造地形，并通过塑造陆地将江水与绿化种植完美衔接。通过群植大王椰子、银海枣等亚热带植物、常绿阔叶植物以及配置具有开阔视野的大面积草坪，结合波光粼粼的珠江水岸，打造生态自然的河岸胜地。

2 游步道旁植物配置
3 特色景观花架
4 丰富的植物竖向配置结构

5 开敞的景观视线
6 林荫小径
7 巧用地形与植物形成框景

4. 技术措施
/*TECHNICAL APPROACH*

（1）一般的施工程序是“先地下后地上，先深后浅”“先整体后局部”“先景观后绿化种植”，但根据工程的实际情况，为不错过绿化种植的最佳时间，我们实施了绿化种植和景观工程交叉作业的施工方案。

（2）项目位于江畔，区域的风力较大，在苗木养护方面，我们加强了高大乔木的加固措施，利用连体支撑架进行加固，有力地增强了抗风能力。

（3）本工程的施工采用人工加机械的方法，基础土方施工以机械为主、人工为辅，上部结构以人工为主、机械为辅。

8

9

8 植被丰富的微地形营造
9 半开敞式休憩空间
10 丰富的植物造型
11 主次道路自然过渡
12 景致丰富的游憩空间

13 自然起伏的微地形
14 休憩小广场
15 半开敞式休憩空间
16 绿色轨道铺设
17 色彩丰富的站台设计

5 . 项目总结
/*PROJECT SUMMARY*

项目位于琶洲商务区北侧，景观定位为现代风格，以“生态自然”为理念，充分利用微地形、高大的大王椰子、疏林草坪与广阔的珠江水景相结合，打造优美的休憩游览环境。在植物景观上，内侧种植相对密度较高，形成乔木、灌木、草地相结合的三层模式，保证了私密性的需要。在滨水地带，整个绿化景观疏密有致，并利用微地形和大乔木来保证视野的开阔性，使景观与开阔的水景相结合，成为人们游览观赏的最佳场地。

14

15

16

17

第五部分

地域文化园林建设

Regional culture landscape construction

地域文化的研究、传承及园林应用

“

自改革开放以来，随着我国城市化的快速推进，风景园林建设也发展得如火如荼，为人们提供了更多游览和休憩环境，其中也涌现了一批优秀的园林作品，但也存在着设计现象趋同、文化盲目认同等问题。地域的地理、人文等特点受到漠视，脱离区域历史文化的园林没有自己的灵魂和内涵，而对于地域文化的解读和表达已成为现代园林建设的重要课题。英国建筑家协会会长 Parkinson 曾说，“全世界最大的危险来自城镇正在走向同一种模样，而我们生活中的很多乐趣来自多样化和区域特色，中国的历史文化弥足珍贵，不应该被西方传来的标准概念所淹没，这也是我们所面临的危机”。

Since the reform and opening up, along with the rapid advance of urbanization in our country, the landscape construction is developing like a raging fire, provides more sightseeing and leisure environment for people, which also has emerged a number of outstanding landscape works, but there also exist the problem of design convergence phenomenon and the cultural of blind recognition. Regional geography, humanities etc. is ignored, the garden separated from the regional history and culture does not have its own soul and connotation, the interpretation and expression of regional culture has become an important subject of modern landscape construction. The president of the British Association of Architects Parkinson once said, "the greatest danger in the world comes from the towns are heading for the same pattern, and a lot of fun in our lives from the diversification and regional characteristics, Chinese history and culture is precious, it should not be overwhelmed by the concept of western standards, which is the crisis we are facing."

地域文化的研究、传承及园林应用

Study, heritage and landscape application of regional culture

一、地域文化与园林

改革开放以来，中国风景园林设计伴随着经济脚步高速发展，许多大型项目（如城市商业广场、高档写字楼与住宅区、科技产业园等）如雨后春笋般不断涌现，这类场地中的园林景观大部分积极吸纳国内外优秀设计理念，具有鲜明的时代感和艺术感。但是在这场轰轰烈烈的造园运动背后，却存在不可忽视的问题。部分园林设计师片面追求效率和利益最大化，不充分考虑场地地域文化。有的将园林设计形式固化，并在不同的场地中重复使用；有的盲目照搬西方的设计形式而不考虑实际应用情况；还有的背离场地基质进行植物配置和构筑物建设等。这种在设计上“偷工减料”不考虑地域文化的情况，造成许多“千城一律”的城市景观、奇形怪状的景观设计，或者不符合常理的植物配置。在深受西方景观文化冲击的今天，如何既吸收外来先进造园理念，又传承我国造园传统，值得深入探讨。

在这样的背景下，“地域文化”的概念受到人们的重视。地域文化是指与一个地区相联系或有关的本土特征文化，是一个地区的自然景观特征与历史文脉特色的全部总和，它包括气候条件、地形地貌、水文地质、动物资源以及历史、文化资源和人们的各种活动、行为方式等。这种文化是与其所在的自然环境息息相关的，并最终反映在社会环境之中。设计时对地域文化进行研究、传承以及园林应用，是使风景园林具备民族性和竞争力的关键因素之一，同时也能大力促进本土园林的创新和发展。

（一）地域文化使园林具备区域性、民族性、人文性和系统性

地域文化是区分不同场地特征的重要参考因素之一，它是一个弹性的、相对的概念。在空间维度上，国土区域、城市、城区、街巷、村落都可以作为研究对象，且不同的尺度决定研究的具体内容；在时间维度上，同一个场地在不同的历史时期可能会有截然不同的文化特征。

因为对于地域的解读存在一定的模糊性，所以地域文化的表达是多样性的。同一块土地能同时承载多种文化，地域文化的研究方向和内容也可以根据设计主题的需求做出调整，这意味着基于地域文化所创作的风景园林有广阔的创新空间。

风景园林领域在“西风渐进”的背景下，不少人呼吁对地域性景观进行保护和塑造，反映当地的自然景观类型和典型特征。地域文化的植入，让风景园林创造不再单一地受到西方价值观和造园思想影响，强调了本土的民族性和人文性，以一种更积极的态度去吸收先进的理念和技术，促进传统文化与现代技术和科学的造园理念融合，增强本地景观的竞争力，为中国园林能屹立于世界园林之中提供了强有力的保证。

（二）地域文化与风景园林相辅相成

俗话说“一方水土养一方人”，同样“一方水土也养一方园林”。地域文化园林是人自身活动、社会生活、审美需求而改造的“第二自然”，不同的地域在园林的需求上也有着巨大差异。北方人希望冬季也能感受到阳光，因此多选用落叶乔木，空间尺度也相对较大；南方人则希望通过园林设计缓解炎炎夏日，庭院设计上讲究轻巧通透，植物则要求三季有花、四季常青，这都是跟人的生活习惯息息相关、密不可分的。

相反，风景园林也会影响城市的发展甚至定位。杭州西湖、苏州古典园林、北京皇家园林、上海海派园林、大理丽江的自然风光和历史古城等，都是城市的主要名片之一，这些名片已成为城市经济增长、旅游发展的重要推动力之一，也影响了城市的进一步规划。

二、地域文化在园林中的表达方式

（一）地域文化符号的灵活运用

地域文化是在特定的区域内经过长时间自然演变、人文活动而形成的文化综合体。构成地域文化的元素可以分为自然要素和人文要素，自然要素包括地形、水体、动物、植物、气候条件等，人文要素包括语言文字、民俗风情、建筑格局、城镇布局等。这些元素种类繁多、包罗万象，难以在一个园林中完整复制，因此需要对地域文化符号进行提取。

在园林景观设计时，应整理分析具有地域特色的文化资源，提炼出标志性的元素符号来展示地方风土人情、人文历史等。这种设计手法需要强调的是元素符号的典型性，总结选取的文化符号必须具有鲜明形象感和代表性。地域文化的元素既可以是民俗、文化符号，也可以是建筑语言，通过园林构成要素的具体形式抽象地表达出来。比如岭南园林的特征有以下几点：

（1）热带植物，特别是棕榈科和观花类植物的大范围应用。

（2）园林建筑轻盈疏朗，平面空间布局自由灵活，不拘一格。

（3）园林景观布局兼收并蓄，既吸收苏杭园林的造园精髓，又积极借鉴国外造园手法，善于取长补短，开拓创新。

（4）灰塑、水泥塑的灵活应用。岭南园林在建筑外部进行灰塑装饰，大量呈现代表岭南文化的元素（如瓜果蔬菜、花鸟虫鱼等），增添趣味性。

（二）文化活动的重新组织

对地域文化的保护不能仅仅专注于场地的空间和建筑外型，更要加大对非物质文化的保护，语言文学、民俗风情、传统节庆等都需要严谨对待。没有文化的场地只是一具空壳，与提倡的可持续发展和人民的实际需求相悖。

对地域文化进行保护，要从当地的市民需求出发，建设一个具有场所精神的场地。可以从两方面入手：一方面尽可能保留或恢复原有场地的格局，包括山水布局、空间形式、古树名木、历史建筑、街道肌理等，这类元素是经过长时间的历史演变保留下来的，大部分符合当地人的生活习惯，可以引起共鸣；另一方面对当地文化活动进行重新组织安排，如广州地区端午节赛龙舟活动、春节逛花街习俗、元旦看花灯活动等。

（三）地域文化和现代手法的融合

经过时间流逝，许多能体现地域文化精神的建筑或构筑物都呈现破败的现象，不少原本景观效果极佳的场地因为缺乏维护而使人避之不及，也有一些空间因为不符合现代人们的生活需求而逐渐衰落。因此，在传承地域文化的过程中，要充分运用现代造园手法和技术，将园林中的传统建筑构造方式、施工工艺等特征与现代设计理念、技术材料有机结合，实现园林景观的传统文化与时代气息完美融合。例如，广州黄埔古港、太古仓、小洲村和红砖厂等地，都将建筑和户外空间进行了功能性改造，使之重新与现代人的需求相符，一方面极大保留了原有的场地空间，保存了曾经发生的一段历史，另一方面又重新激活了场地活力。

三、地域文化的应用意义

现代的城市形象越来越趋向于统一，失去自己的个性，城市中的园林景观也千篇一律。在园林景观中加入地域文化特色，对于城市特色的建立有促进作用。

现代文明迅速发展，传统文化的空间不断受到挤压。在园林景观中加入地域文化特色能够将地区的文化精髓挖掘出来，让现代园林与历史文化相融合，让传统文化在这种融合中得以继承和发展，重新焕发生命力。

四、地域文化的应用趋势

地域文化是人类精神文明的结晶，是历史发展的见证。现代文明对地域文化带来巨大冲击的同时也带来了新的发展契机，它促使人们从多个角度去思考园林设计内容——是重新创造一种文化，还是将已有的精神传递和发扬光大。科技与传统、自然与城市在某些领域可能是矛盾的，但是在园林设计师的眼中它们可以和谐共存，甚至相辅相成，因为我们的血液中流淌着五千年的文明和对“天人合一”的追崇。

文化的发展形态最终必然走向多样化，但本土文化不会也不应该被忽略，这种基于特定场地所特有的文化就是“乡愁”。所以，当我们推崇“以人为本”的设计原则时，地域文化也必将回归于园林景观设计中。

第九届中国（北京）国际园林博览会广东省岭南园

THE 9TH CHINA (BEIJING) INTERNATIONAL GARDEN EXPO GUANGDONG LINGNAN PARK

第九届中国（北京）国际园林博览会“室外展览综合奖”大奖、“室外展园施工（单项）奖”大奖

建设单位：广州市政、东莞市城市综合管理局

建设地点：北京

建设规模：1.5 万平方米

施工单位：普邦园林北京分公司

主要施工人员：林波、王光辉、伍汉章、魏小三、许振辉、陈旭东、李云祥、孙洋

1 岭南园全景

1. 项目概况
/PROJECT OVERVIEW

岭南园位于北京市丰台区卢沟桥永定河畔，该区域属于典型的北温带半湿润大陆性季风气候，夏季高温多雨，冬季寒冷干燥，春、秋短促，全年无霜期达 180 ～ 200 天。

该项目占地面积 1.46 公顷，园林建筑约 5000 m^2，建筑面积 733 m^2，最高建筑 4 层，院内有“九曜春晓、月照明堂、南国红豆、粤韵风华、渔歌晚唱、泮塘荷风、妆台绮绣、虹云飞韵、秋水龙吟”等景观。岭南园由广东省人民政府应邀送展，普邦园林北京分公司负责园区园林建筑及水电工程施工，历时 9 个月建成。

2

2. 设计理念
/DESIGN CONCEPT

岭南园以“岭南谣，故乡情”为主题，以广东四大名园（可园、余荫山房、清晖园、梁园）为设计载体，融周边秀景于一体，集传统岭南造园工艺的精华，尽现岭南园林华丽秀美、新奇灵活的独特风格，并充分运用珠三角传统民居建筑与自然山水结合的造园手法。项目以岭南水乡为设计定位，以几何对称和自由开放相结合的空间展示形式，使内外空间相互渗透和呼应。组景多运用花木灌丛和散石元素，植物以北方植物为主，局部运用岭南花木，营造了南方热带植物景观。通过运用塑石、塑山、木雕、砖雕、灰塑、陶瓷等岭南工艺，结合岭南书画的特点，营造了 10 个反映粤韵歌谣、岭南文化意境的园林单元。

3. 艺术手法
/*ARTISTRY*

全园布局以水体为构图中心，主入口为两进庭院，采用庭、园并列式的布局组合。建筑与山水自然结合，画卷以水面为中心展开，庭院空间相互交融，园内、园外互成对景，尽显岭南水乡房水相依的生态人居特色。“小姐楼”等岭南特色建筑，岭南一隅的漏窗，透景的蚝壳墙体、玻璃花窗等显示出浓浓的岭南风韵，让岭南园在北京园博会这一曲“绿色交响曲”中，带给公众一分浓浓的“岭南谣，故乡情”。

2 岭南园入口景观
3 项目标志性建筑——小姐楼实景

3

4

5

4. 技术措施 /*TECHNICAL APPROACH*

项目中主要存在 4 个问题：首先是项目施工工期处于霜冻期的冬季，影响工程质量；其次是传统的水景铺贴极易反碱变白，影响景观效果；第三是工程造价的控制；最后是项目与其他绿化单位交叉施工，管理难度大。

针对以上问题，我们提出了以下技术措施：

（1）“温棚法”以及新材料的应用保证冬季施工质量和工期。为应对冬季施工，采用“温棚法”保证工期，在建筑外围搭建温棚以保护工程材料免遭冻害，另外，运用多种材料确保冬季彩绘的绘画效果。

（2）高分子益胶泥代替水泥以及用堵漏王勾缝来防治“反碱”。为了防止水景铺贴上的返碱，运用高分子益胶泥和堵漏王勾缝代替传统施工工艺进行粘贴，效果显著。

（3）在保证质量前提下灵活运用材料。根据岭南古建筑景观的特点，采取了经济实惠的 PVC 套管做圆柱模板，既节约成本又保证质量；假山景观中真石、假石并用，采用南方的玻璃纤维增强水泥（GRC）工艺，使用钢筋混凝土制作大型假山。

（4）合理安排施工流程，确保工程有序、高效进行。严格按施工计划协调双方工期，避免窝工现象；执行安全文明施工管理，现场材料、垃圾堆放有序，场地整洁、维护到位，标示清晰，提高施工速度，确保施工质量。

4 岭南特色建筑与山水景观的完美呈现
5 岭南水乡情韵

6

7

6 项目标志性建筑——画眉船厅实景

7 岭南园林的水体意蕴

8

9

8~10　岭南园林神韵在北方地区的展现

11

5 . 项目总结
/PROJECT SUMMARY

该项目的成功之处在于将岭南园林的神韵重塑于北方地区。在设计艺术方面，通过岭南地区典型的建筑、植物、水景来体现南方园林的特色；在工程措施上，灵活地运用新的工程材料和技术，保证工程质量并降低造价；在工程管理上，严格按照施工计划协调工程进度，保证项目按期完成。科学的施工措施和优美的艺术造型造就了岭南园的品质，在众多参展园中脱颖而出，为公司树立了良好的形象和口碑。

11 碧水蓝天，景中有景

12 景观一隅

“ 02

可逸江畔

KEYI RIVER

”

建设单位：越秀城建

建设地点：广东广州

建设规模：13.9 万平方米

设计单位：普邦园林规划设计院

主要设计人员：莫少敏、陈澜沧、李玲、李健龙、杨亚军、梁永平、陈锦尊、林洽砖、蒲迪诗、黄娅萍、黄志铧、叶贺新、李旭康、左小霞、刘英

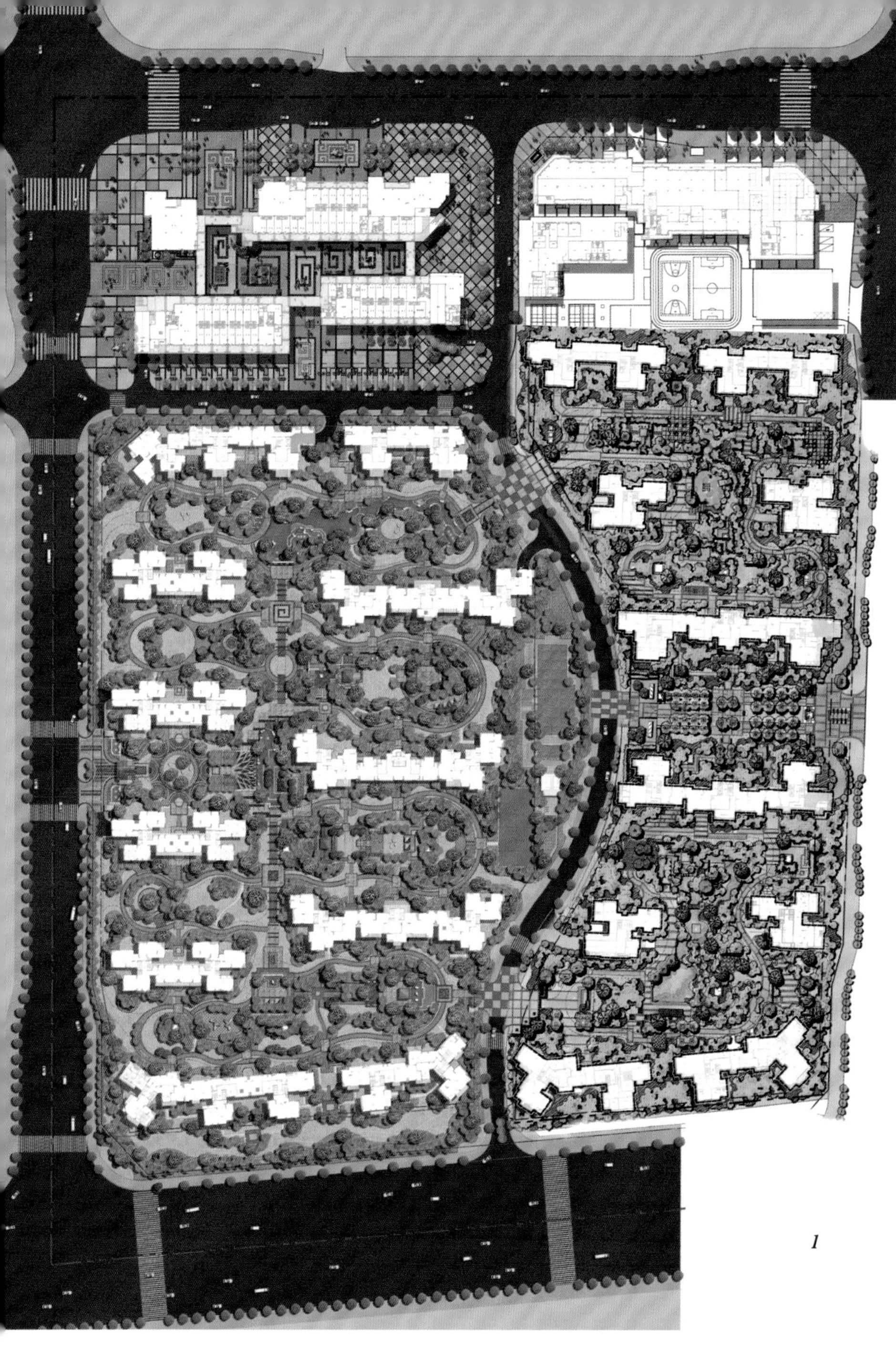

1 项目总平面图

1. 项目概况 /*PROJECT OVERVIEW*

项目位于广州市番禺区，属于亚热带海洋性季风气候带，热量充足，最冷的 1 月平均气温仍达 13.3℃，年平均降水量为 1650mm，对植物的生长极为有利。

项目共分为一期北区及中轴、一期南区、二期及三期几部分。其中，一期南区及二、三期由普邦园林公司设计；一期北区及中轴由城建设计院设计，普邦园林公司对其园林建筑及绿化进行全局性整改。一期南区为了缓和北区及中轴的建筑中过多的景观，采用了以绿化为主的设计形式与之形成对比；二、三期则采用山水园林的造景手法，因地制宜进行设计。

2. 设计理念
/DESIGN CONCEPT

根据建筑规划设计的风格定位，景观设计采用了“新岭南”风格，即以现代手法打造传统岭南风情的中式园林，营造结合现代人居理念与传统园林美学特点的现代人文社区。项目强调人与自然的和谐共存，既有岭南园林的意境，又有深刻的文化内涵。

3. 艺术手法
/ARTISTRY

结合现代工艺和手法，强调建筑室内外空间相互交融，为居民提供休闲、交流、运动等工作和生活的舒适空间。在岭南园林的风格统筹下，要求具有现代园林的景观性及实用性，植物品种与配置手法的运用符合当地的要求。总体园林布局以自然为主，运用现代与传统元素结合，错落有致地置亭、设舫、筑台，结合地形的营造，使各景点高低错落，呼应有致。设计巧用微地形处理，丰富绿化空间，增加游园趣味。溪涧与绿化地形相结合，跌水景观与景石相呼应，形成舒适、自然的小区空间。对景位置设有雕塑、景石、景墙，配合季节性开花的本土树种，营造小区氛围。

2、3 商业街入口效果图
4 商业街中轴效果图
5 销售区局部效果图
6 园区入口建筑实景

6

7

8

7 水景小品与置石
8 石狮小品
9 园区特色景观亭
10 休闲园路及植物配置
11 岭南特色景墙、塑石

12

4. 技术措施
/*TECHNICAL APPROACH*

（1）造价的控制：所有景观效果依靠植物景观来体现，在一定程度上降低了单位面积造价。

（2）为了更好地营造绿化景观效果，成功地将高尔夫球场地形设计手法应用到该项目中，解决了覆土对地形营造的负面影响。

（3）在设计和施工过程中，强调草地的空间形态、草坪的平整度，从而对整体绿化景观效果产生直接、有力的影响。

12 景观细节
13 石马小品
14 景墙雕塑

13

14

15

16

5 . 项目总结
/PROJECT SUMMARY

项目的设计以岭南文化为基础，通过现代工艺和手法的推陈出新，巧妙地运用传统园林的构园要素，既满足了功能性和观赏性，又表达了岭南园林的文化内涵以及深刻的园林意境。在工程方面，所有景观都是通过植物来表现，在一定程度上降低了成本；成功地将高尔夫球场地形的设计手法运用到小区景观营造中，很大程度上提升了项目的整体绿化效果。在项目实施过程中，我们根据场地实际情况积极与甲方沟通并提出整改措施，提升了景观品质，得到了甲方的高度认可。

15 蜿蜒的林下游憩步道
16 灵动的流水塑石
17 项目三期销售区俯瞰效果图
18 项目三期销售区俯瞰实景图

“03

中信香樟墅

CITIC CAMPHOR VILLA

中国风景园林学会“优秀风景园林规划设计奖” 三等奖

建设单位：中信地产

建设地点：广东广州

建设规模：6 万平方米

设计单位：普邦园林规划设计院

主要设计人员：全小燕、刘俊辉、陈振山、易玲、黄慧亮、胡瑜、邓小玲、吴迎

施工单位：普邦园林东莞分公司、直属分公司

主要施工人员：孟伶军

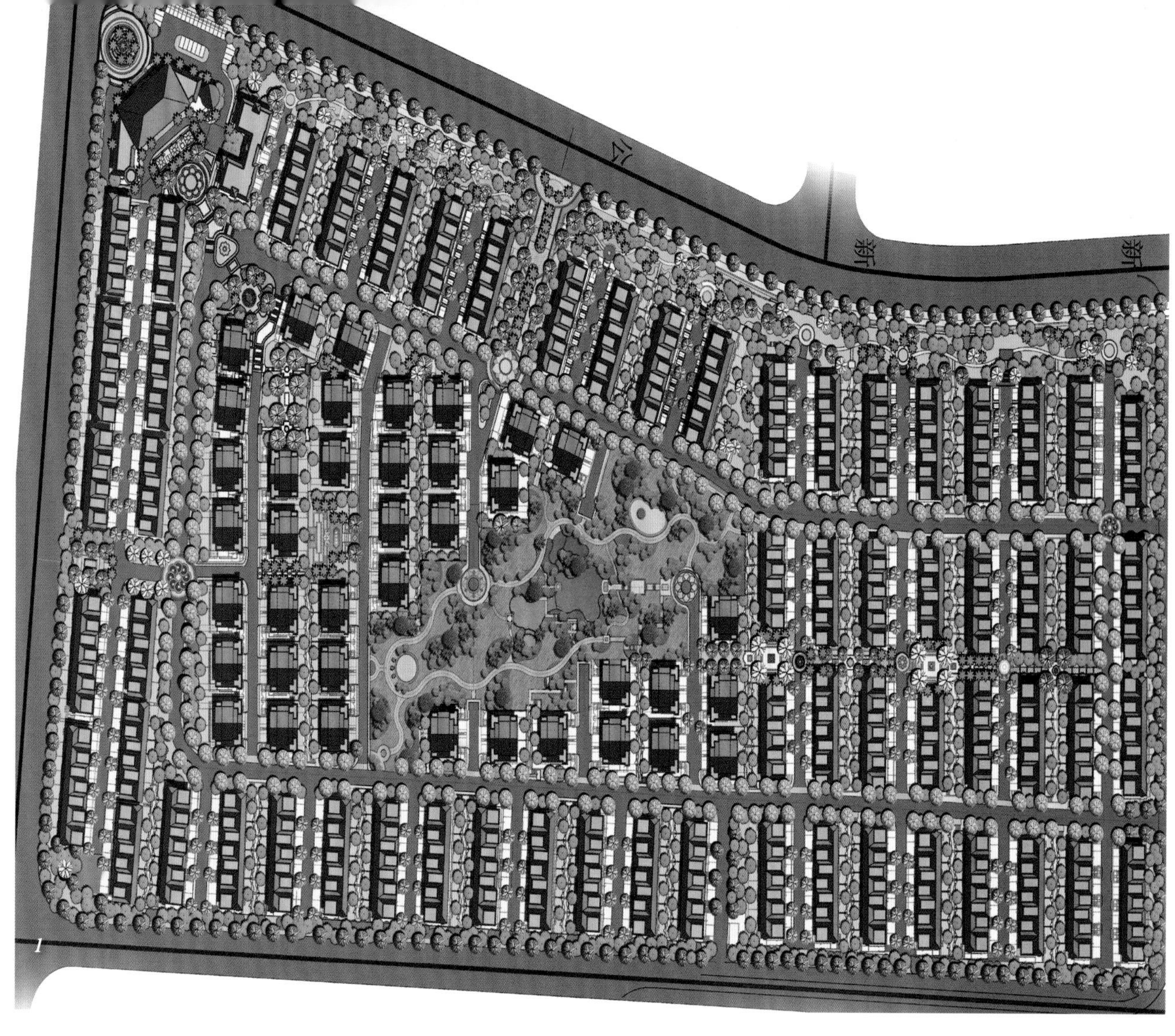

1 项目总平面图

1. 项目概况
/PROJECT OVERVIEW

项目位于广州市增城区，该地区属南亚热带海洋性季风气候，北回归线经过增城北部，特点是气温高、雨量充沛、霜日少、光照充足，全年都适于植物的生长。

项目西侧为居民区，东南方向为农田用地，西侧较远处有部分山景可以借用。项目的绿地率 38.3 %, 其中绿地面积约 8.43 万平方米，水体面积 3000 m^2，广场面积 8300 m^2，道路面积 3.68 万平方米。项目以地中海的院落景观为设计风格，创造了一个有地域感、风格独特的可识别性高尚住宅区，实现了地中海风格与中式庭院布局的完美结合，让公园藏在别墅群落中。

2

2. 设计理念
/DESIGN CONCEPT

以“绿色、阳光、运动休闲”为宗旨，以营造“自然、健康、和谐”的公园生活为景观核心理念，在透彻分析不同年龄段人群室外活动空间要求的基础上，提出创新型环形无障碍步行系统，营造出 4 个与地中海风情别墅紧密联系、互相借景、相互依托的风情景观区，力求把健康的园林生活和公园理念延伸到每一处景观。开阔大气的会所空间、丰富细腻的台地花园、自然生态的养心公园及蜿蜒起伏的溪流河涧怡养身心；人性化的步行系统、起伏的地势、步移景异的园林空间平仄相和；亭台楼宇、绿林道路、小桥流水融为一境，虽由人作，宛自天开。

3

4

2、3 庭院组景效果图
4 入口中轴效果图
5 项目主入口实景图
6 庭院鸟瞰效果图

7 欧式休闲亭台效果图
8、9 欧式休闲亭台实景图

9

10 异域风情植物造景
11 观景亭前流水潺潺
12 荷塘曲径，绿影婆娑
13 荷塘小径暮色
14 与居住空间融合的人行步道

3. 艺术手法
/*ARTISTRY*

项目由 4 个景观区构成，分别为狮庭景观区、格拉达皇家花园景观区、橘园景观区和纳帕山谷景观区。

狮庭景观区将具有浓烈地中海风情的狮子喷泉雕塑设于中庭位置，空间大气且富有震撼力；格拉达皇家花园景观区由多层次的植物造景与台地花园巧妙地结合，使空间更为丰富细腻，园林景观与建筑达到更好的交融；橘园景观区以自然生态的养心公园与狭长的宅间景观轴线空间相结合，营造怡人的自然生态住区景观与空间；纳帕山谷景观区则以一条水系延展，多变的水系布置形成不同的形态，更具生动性和亲切感。

13

14

4. 技术措施
/*TECHNICAL APPROACH*

（1）针对景观活动空间的局限性，在预留足够的私家花园空间后，在现有规划车行系统单侧设立创新型环形无障碍步行系统，并通过同种铺装连接与车行道交叉的人行道，保障步行系统的连贯性和车行系统的流畅性。

（2）为契合自然生态的公园风格设计理念，材料选择遵循自然、简洁、质朴的原则，以质感朴素的当地山石和浅色系石材为主。铺贴工艺上避免繁琐，以简洁、大方的铺贴工艺为主。

（3）景观水体的节水处理遵循独立循环、分段处理，景观水体与溪涧水体做到形断意不断，各水体分开成独立循环系统，既确保了视觉的连贯性，又保证了景观水体的质量。

（4）景观上利用观景平台消化与园路的高差，软质景观上利用绿化与放坡处理高差，在很好地解决高差问题的同时，让主干道更富有地中海风情。

15~18 别墅庭院景观局部

5 . 项目总结
/PROJECT SUMMARY

本项目呈现了地中海风格与中式庭院布局相结合的设计形式，具有强烈的地域文化烙印，园区内景致优雅细腻又不失大气，四种形式各样的景观分区构成整个园区，景观体验更加丰富多样。在景观材质上，运用了更加自然朴素的当地材质，造型简洁大方，与周围的环境紧密结合，创造出阳光、自然而又不失文化气息的优美园林景观。

19 观亭、流水，错落有致的植物群落
20 富于空间层级变化的流水景观
21 自然生态的曲桥、水景、塑石

中信御园

CITIC ROYAL PARK

”

广东省“绿化养护优良样板工程”金奖

建设单位：中信集团

建设地点：广东东莞

建设规模：9.2 万平方米

施工单位：普邦园林东莞分公司

主要施工人员：罗勇刚、李常青、陶宇海、曹宇辉、施健鹏、何永波、黎星贤、孔小渝、陈柏军

养护单位：普邦园林工程养护事业部

主要养护人员：邓武军、田关雄

1 入口中轴上的水池及雕塑小景

1. 项目概况 /*PROJECT OVERVIEW*

中信御园项目是东莞市东城区的重点工程之一，位于黄旗山板块核心地段，正对黄旗山脉。小区依山而建，临水而居，通过打造南加州西班牙风格建筑以及三大景观轴线顶级园林，营造坐山而居的自然景观氛围，形成优美的生活空间，保证了社区低密度整体环境与公园生活的大尺度享受空间。

2 层次丰富的植物组团柔和建筑线条
3 庄严、气派的项目主干道
4、5 丰茂的乔、灌木营造惬意空间

4

5

2. 设计理念
/DESIGN CONCEPT

项目力求营造一个豪华大气的高档住宅区，利用枝叶茂密的大树和挺拔的棕榈等不同组合来提升小区的私密感和整体感。整个园林布局以规则式为主，营造绿树成荫、鸟语花香的高品质社区生活。中心花园之外的景观则以不太规整的方式演绎，为一流的别墅创造更多让人放松的绿色景观，同时也为住户营造一个平和的社区环境。

3. 艺术手法
/ARTISTRY

精致的装饰性小品，带出奢华的皇宫感觉，艺术小品具有较强的主题特点，体现了小区的文化品位和格调内涵，使人文、自然及艺术在此相互融合。植物造景充分利用树木的形态、颜色与特性，营造出层次分明、动静结合、富有特色的景观空间。

4. 技术措施 /*TECHNICAL APPROACH*

自承担绿化养护管理以来，公司派驻了经验丰富的项目主管和多名技巧熟练的绿化工，从事修剪、病虫害防治、水肥管理、苗木扦插种植等工作。植物造型方面，采用“机械化 + 人工搭配”的精细修剪方式，效果良好。同时采取喷洒药物的方法，控制植物的生长速度，合理保持植物景观效果的长期性，减少了员工的工作量。乔木修剪时，采用公司研发的专利高枝剪，大大提高了工作效率。

台风季节的应急方面，例如在 2013 年“天兔”台风期间，公司派出了多名员工提前对乔木进行支撑加固（使用公司研发的乔木支撑专利产品），并配合其他合理的防护与修护措施，将台风对乔木伤害度降低到最小。

5 . 项目总结 /*PROJECT SUMMARY*

该项目现已作为甲方的别墅区养护范例，获得了使用单位的高度评价，并受到慕名前来参观人员的交口称赞。

6 刚中带柔的特色跌水景观
7~9 别墅庭院景观局部
10 规整有致的园路景观

7

8

9

10

第六部分

多样化园林

Diversification landscape Architecture

基于人类需求的园林多元化发展

园林景观环境与整个社会的发展密切相关，在不同程度上折射出社会的各个侧面。与传统园林相比，由于现代社会结构层次更加多元化，相应对于园林的功能和艺术形式的需求更加复杂，现代园林景观所呈现的风格特征也更为丰富。传统的中国古典园林、意大利的台地园、法国宫廷式园林等，都表现出较为强烈的个性和特征。在信息全球化、思想文化交流频繁、艺术风格多元化的今天，园林景观体现出既有内在逻辑发展脉络，又有外在特点的风格特征，为适应人类需求的复杂性而不断地进行自我拓展，形成多样化的园林形式和风格。

Landscape environment is closely related to the development of the whole society, it reflects the social aspects in varying degrees. Compared with the traditional garden, because of the modern social structure is more diversified, corresponding for the function and art form of garden needs more complex, the style characteristic of modern landscape presents more richer. Traditional Chinese classical garden, Italian terraced garden, French palace garden, etc. have shown relatively strong personality and characteristics. In the information globalization, the ideological and cultural exchanges frequent, artistic style diversity today, landscape reflects both the development of internal logic, and external style characteristics, in order to adapt the complexity of the social demand and constantly self-developing, taking shape of diversified landscape form and style.

基于人类需求的园林多元化发展

Diversified development of landscape architecture based on human needs

一、人类需求与园林功能的关系

人类一直在探索自身与周围环境之间的关系。一方面为了适应环境而改变自身的生活习惯与方式，最后形成与地域紧密联系的文明形式；另一方面又对自然不断进行改造，通过工程和艺术的手段创造一个符合人类户外需求的境域。这种境域最典型的代表就是园林。

环境的质量会对人的心理产生一定的影响，这里所指的环境因素包括温度、湿度、声音、光照、水体以及植物等，这些因素之间相互配合所形成的空间变化、感知变化、植物配置方式、景观变化等是作为风景园林设计师必须要考虑的因素。这类因素对人心理所产生的影响不受个人的经济状况和自身因素制约，大量的基础研究都论证了这种影响所具有的普遍性。

人类需求是复杂的，美国心理学家亚伯拉罕·马斯洛将人类需求像阶梯一样从低到高分为五种，分别是生理需求、安全需求、社交需求、尊重需求和自我实现需求，其中前三种需求都可以在园林当中得到部分甚至完全实现。一个优秀的园林作品，应该能够创造一个既能与当地的生态条件相适应，又能满足使用者的心理和行为需求的游憩境域。人类需求与园林功能的切合点大致表现如下：

（一）生理需求

已故风景园林专家周维权先生指出，园林是为了补偿人与大自然环境相对隔离而人为创设的“第二自然”。这句话包含了两层意思：首先，人需要与大自然环境进行接触，园林环境应该是包含并且模拟自然要素的；其次，园林环境是为了满足人的需求而建设的自然环境，必须让人感到生理上的舒适。因此，为了满足人的生理需求，园林设计应该考虑以下 4 个方面：

（1）园林微气候的营造。通过合理地建设通风廊道、布局水体形式、设置遮荫植物等方式，创造一个怡人、舒适的游憩环境。

（2）近自然环境的创造。大量运用山体地形、各类水体、动植物元素等自然要素，同时在造园中采用模拟自然的手段进行缀山理水、移花植木，创造一个让人与自然和谐相处的环境，令使用者能在园林环境中舒缓压力、放松心情和愉悦身心。

（3）丰富的感官刺激。园林中各类要素的科学配合，让使用者在视觉、嗅觉、触觉、听觉上产生积极的刺激，并达到健康、放松的目的。大量基础研究表明，较高的绿视率、清淡的植物香气、哗哗的流水声以及轻快的鸟鸣声等都能对人的身心健康产生积极效应。

（4）提供各类行为活动场所。设计诱导行为产生，多样的活动场地（如广场、运动场、跑道、非机动车道等运动场所）以及景亭、廊架、草坪等休憩场所，能丰富人们的活动方式，满足人的各类生理需求。

（二）安全需求

安全是人在环境中放松自己的首要前提，人在园林环境中的安全需求主要表现在身体和心理两方面。身体上的安全需求强调园林环境要屏蔽对人有潜在危险和伤害的负面因素，如噪声、拥挤、高速机动车、空气污染、水污染等，这些因素虽然不会对人产生直接威胁，但与生俱来的避害性会迫使人类远离这类区域。心理上的安全需求强调园林环境的私密性和安保工作是否到位。一方面，人不愿意将自己完全暴露在周围环境的监视当中；另一方面，在较为私密的空间中又易诱发犯罪行为。因此，如何从设计上准确把控园林空间营造，以及如何运用高科技手段做到加强安全防护，是需要重点考虑的问题。

（三）社交需求

户外空间是人类进行社交活动的重要场所，园林空间因其环境安静、景观优美成为人们的首选之地。如何满足人们的社交需求，针对不同的地域文化、年龄层、性别、教育背景等产生特定的行为模式，应该做到具体问题具体分析。园林空间的设计、环境舒适度的把握、园林景观的质量等都会影响人们在环境中社交模式的持续性。

二、多元化的园林规划设计

（一）造园形式

不同的造园形式，顺应其所在时代的文化、审美、技术和具体需求而产生，那些极具特色的造园形式传承下来即成为了时代的特征，如中国古典园林、意大利台地园、法国规则式园林、英国自然风景园、日本庭院等。一些形式突出、富有美感的设计理念（如极简主义、波普艺术、解构主义等）为园林设计创造了无限可能。

我们处于一个文化极度丰富的时代，与过去十几年相比，风景园林设计的多样性、理念深度和生态意义得到了极大拓展。风景园林不再是一门单一的学科，它综合了城市规划学、建筑学、植物学、生态学、美学甚至各类人文学科，当代园林的发展与时代、社会的发展需相伴而行。

从功能上说，不同的社会需求造就了不同的园林形式。古典园林是服务于少数上流社会的存在，因此具有内向性，不符合当代需求；现代园林是服务于广大市民的公共园林，是城市基础设施建设、精神文明建设的重要内容和载体，必须做到“以人为本”。不同的园林景观根据不同的使用者需求也必须做到“应需而设”，儿童乐园要注重设施安全，老年人疗养花园需注重景观对健康的影响，公共园林应该考虑周围使用人群的日常出行规律等。只有真正考虑到人的实际需求，才能做出受欢迎的园林景观。

从形式上说，不同的园林风格代表了特定的设计语言。“一池三山”代表中国皇家对长生不老的追求；意大利台地园、法国规则式园林是高位者对权利追求的典型代表；日式庭院中的枯山水则体现日本人对“和、敬、清、寂”精神的推崇。

（二）造园要素

造园五要素分别为地形、水体、植物、建筑和道路，在园林设计与营造技术日新月异的今天，这些造园要素从形式、材料到施工工艺都得到了巨大发展。

地形营造讲究因地制宜、变化丰富和诗情画意。现代造园理念强调生态优先，避免大兴土木，同时又主张山环水绕、绿水青山。在地形营造的过程中注重空间的开合有致、收放自如，创造类似自然又富有趣味的园林环境。

水体规划强调形式丰富，各种理水方式（如溪水、湖泊、喷泉、瀑布、水池等）能根据场地特征合理运用，做到动静结合，并设置各类亲水设施，满足人的亲水性。

植物种类得到极大丰富。乡土树种大量开发和应用，使得园林植物景观具有深厚的文化内涵，又便于节约维护成本；外来树种的合理配置，为园林景观增色不少。通过科学的植物配置，国内北方地区基本做到三季有花、冬季有绿，南方地区则要求四季有花。

园林建筑和道路主要是从形式和材料上得到发展。受到西方园林文化的冲击，国内园林建筑汲取了大量西方建筑形式，欧式、地中海式、泰式景观建筑给国人带来强烈的视觉冲击，满足了人们的猎奇心态。

此外，园林的配套设施（如小品、园椅、音响、路灯、垃圾桶等）均得到大量应用，并融合了更为丰富的技术手段、前沿材料和设计元素，为园林景观营造添砖加瓦。

（三）文化内涵

随着人们精神文明需求的不断增加，园林的建设除了追求绿化数量外，开始强调园林所蕴含着的丰富文化。目前比较受关注的有历史文化园林、生态文化园林、农业文化园林以及各类极具特色的主题式园林。

历史文化的传承与再现是许多园林的建设主题。这类园林的营造方式主要有两种：一是直接在历史遗址上，按照其原有的形式进行修复或集中保护，直接将原有的空间、肌理保留下来，仅对使用功能进行改造优化；二是通过留存下来的非物质类文化信息进行符号的提取、梳理和归纳，并通过模仿和再创造的方式重建园林，起到文化展示的作用。

生态文化的再现顺应人们对当今环境遭受破坏的反思和改善心理，比较典型的形式有国家公园、矿山修复公园、植物园等。这类园林有的是直接对自然条件较好的区域进行保护，有的则是通过一定的工程手段对生态基质较差的区域进行修复，让其恢复到原有的样子。以生态文化为主要内涵的园林多采用先进的生态保护技术，具有极高的教育宣传价值。

农业文化类园林是满足居住在城市内的人们对农业生产的猎奇和想近距离接触的心理。这类园林一方面提供一个供人旅游度假、休憩游赏的空间，另一方面又能让人参与其中，并有一定的产品收获。

三、园林多样化趋势

人类的需求随着时代的变迁而不断改变，园林在内容和形式上也顺应发展，跟随人类社会变化的节奏。人类需求的复杂性决定了园林发展的多样性，在创建高水平园林城市的同时，我们必须接受和认可这种多样性，在园林设计的过程中牢牢把握“以人为本”“因需而设”，建设满足群众需求的、绿色生态的、高质量的园林环境。

"01

盛天华府

SHENGTIAN HUAFU

"

中国风景园林学会"优秀园林绿化工程" 金奖
广州市"优秀工程勘察设计奖" 三等奖

建设单位：盛天集团

建设地点：广西南宁

建设规模：1 万平方米

设计单位：普邦园林规划设计院

主要设计人员：全小燕、吴稚华、刘畅、侯佳红、陈科、高慧平、杨亚军、陈雨恬、林洽砖

施工单位：普邦园林南宁分公司

主要施工人员：何高贤、施国发、徐强、符俊华、黄贵斌、罗先区、黄启元、古文华

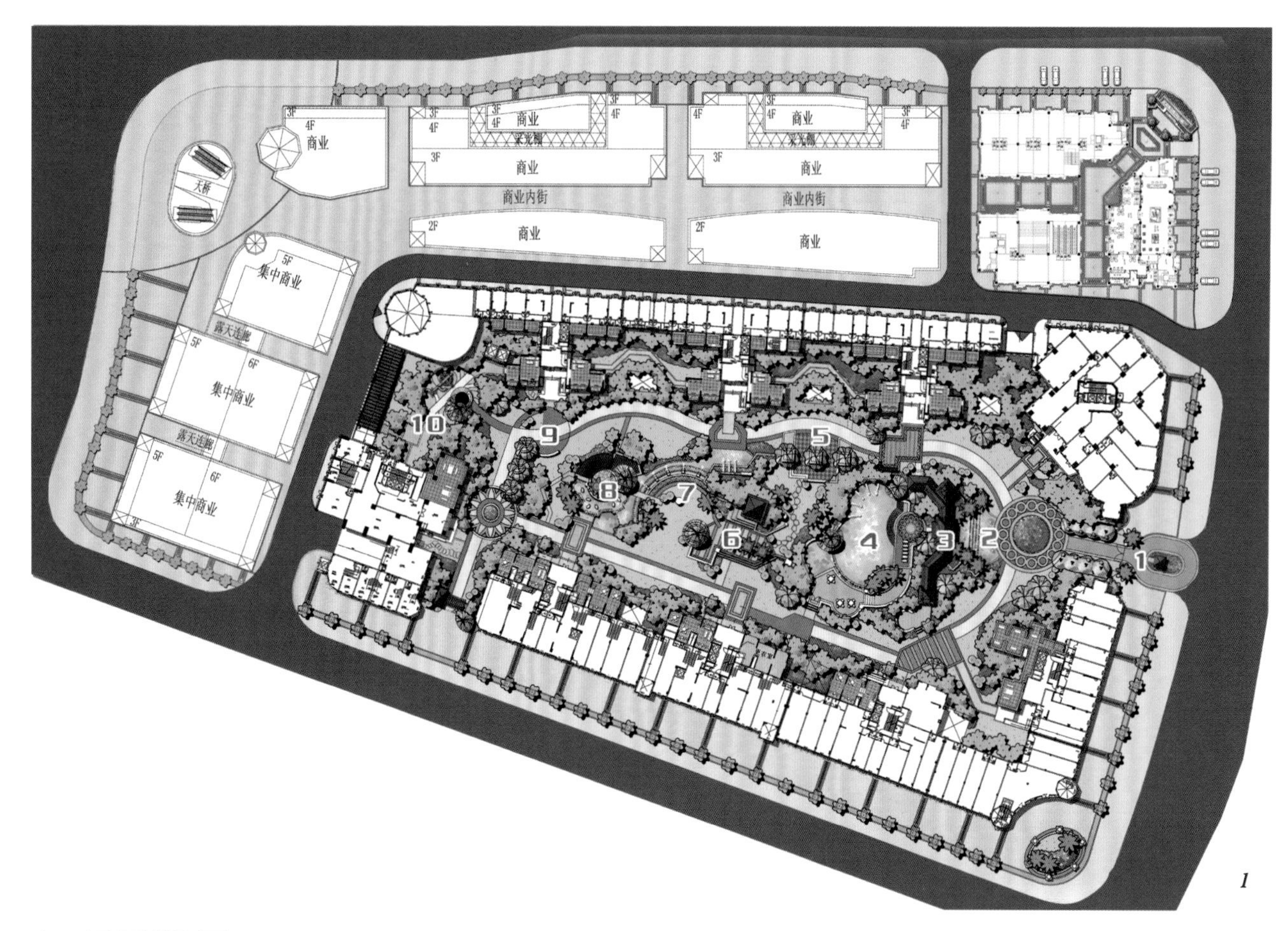

1

1. 项目概况
/PROJECT OVERVIEW

盛天华府门枕中越路，与南宁东盟领事馆区仅一街之隔。地块呈梯形，东西长、南北短、东面宽、西面窄，地势东高西低，东南角与西北角高差超过 10m。项目园林用地面积 3 万余平方米，其中商业街园林面积约 1 万平方米，住宅区中心园林面积 2 万余平方米。

项目定位是成就东盟商务区内地标性的、如同姓氏一般值得随血统世代相传的百年华府。这就决定了作为室内空间延伸的园林，应是精雕细琢且能匹配城市名门鉴赏力的传世之作。

2

1 总平面图
2 中国风景园林学会“优秀园林绿化工程”金奖

3 观景廊架实景图
4、5 局部景观效果图
6 "云影浮华" 效果图

4

5

6

2. 设计理念
/DESIGN CONCEPT

结合地方文化内涵，将设计与人的情感融合，营造以景写意、情景交融的园林空间。建筑风格洋溢着浓厚的地中海风情，呈现出一派热烈的生活气息。强调环境的使用功能，住宅区的园林空间将融合休闲、聚会、游憩、健身等多种形态的实用功能场所，以满足小区不同人群的生活需要，创造丰富的生活体验。

坚持生态及“自然与艺术融合”的理念，以植物造景为主，充分利用南宁的亚热带乡土植物资源，营造形态多样、具有丰富季相变化的植物景观。将山、水、植物等自然元素与具有强烈艺术韵味的小品结合，以主题突出的艺术小品表现小区的文化品位与内涵，展现住宅区的高档品质，创造自然与艺术相得益彰的小区环境。

7、8 泳池局部实景

3. 艺术手法 /*ARTISTRY*

盛天华府整体凸显出地中海皇家园林风格特色，大量运用立柱、连廊、圆拱、线条、铁艺花窗等地中海经典元素，园林建筑选用米黄、咖啡等复古气质的色彩方案，辅以植物的深红、靛蓝，以加的斯广场、格拉纳达园、塞维利亚园等西班牙度假胜地命名主要景观组团，将复古与现代、园林与建筑融合到极致，彰显地中海雍容华贵、优雅内敛的人文气息。空间布局上强调“移步换景，景景穿插”，通过地形设计的高程变化、多层次的植物布置从空间中达到视觉的流通，从而形成开合适宜、抑扬跌宕的园林空间。植物的茂密与疏朗使远近园景穿插，在强调植物造景的同时，达到建筑、小品与植物绿化相得益彰。

9

9 小区入口景观
10、11 精雕细刻的景观细节
12 高雅大气的喷泉景观

10

11

4 . 技术措施
/*TECHNICAL APPROACH*

（1）注重以轻质材料和架空结构的实现来节约建筑成本。盛天华府中庭位于九座塔楼之间、地下车库之上，南北楼距 45~70m，东西最宽 150m，要在这方寸之地堆台、筑池、建亭，营造层次丰富的多维空间，这对施工工艺、质量管理均提出了很高的要求。考虑到防水、承重的需要，同时兼顾景观效果，项目组将亭子、花架的构建采用架空结构。地形处理上，在造坡之处利用陶粒、聚乙烯泡沫板等轻质材料，创造富有变化的地貌。轻质材料具有重量轻、耐腐蚀性强、塑形方便、成本低等特点。

（2）就近平衡土方节省建园费用。入场前，现场留下很多其他建筑单位未曾清理的建筑垃圾，针对这一情况，经项目组研究决定，对消防区域先进行砖模分隔，然后将现场遗留下来的建筑垃圾回填、灌水、夯实。实践证明，此举一方面减少了建筑垃圾外运的运费，节约了相应的回填材料，利于成本控制；另一方面，减少了对外围环境的影响，做到了绿色环保。

（3）采用新工艺提升园林建筑的施工功效和质量。地中海风格讲究线条、拼贴和马赛克镶嵌的美感，因而地面铺装多拼花。亭子造型设计采用小拱碳、坡屋顶、圆弧檐口、文化石外墙、大理石饰面及马赛克装饰等元素，要求施工手工化、精细化。在施工过程中，项目组加强过程控制，讲究放线精确、结构准确。一方面控制了找平层的厚度，节省材料；另一方面使采购回来的异型材料稍作加工即可拼接，节省了材料的同时也节省了人工机械费用。

（4）适地适树。绿化景观配置以樟树、黄槿、棕竹等乡土树种为主，结合美丽异木棉、银海枣等富有地中海气候特色的热带植物，以开花、多花植物作烘托，保证植物配置的多样性以及种植密度，以体现地中海植物茂密的特点。

13

14

15

13 层次分明且富有韵律的中心花坛
14 静水悠悠配绿植
15 曲径与植物群落完美结合
16 碧水映绿影

5 . 项目总结 /*PROJECT SUMMARY*

设计构思主题紧扣小区的景观定位要求，借鉴小区的西班牙建筑风格，将带有西班牙特色的地中海的热情、缤纷、浪漫与阳光融入各功能景观分区中，通过主题意境表现优越而精致的新社区生活。

17 泳池景观鸟瞰

18、19 灵动有趣的园林跌水

南京虹悦城

NANJING WONDER CITY

广东省“优秀园林景观专项”三等奖
广州市“优秀工程设计”二等奖

建设单位：德盈集团
建设地点：江苏南京
建设规模：6.2 万平方米

深化设计单位：普邦园林规划设计院
主要深化设计人员：吴霆、凌宁、卢铭、萧艳芬、谭洁仪、李密、陈妙如、陈利华

施工单位：普邦园林武汉分公司
主要施工人员：吴志明、杜康、谢国雄、严广威、程子明

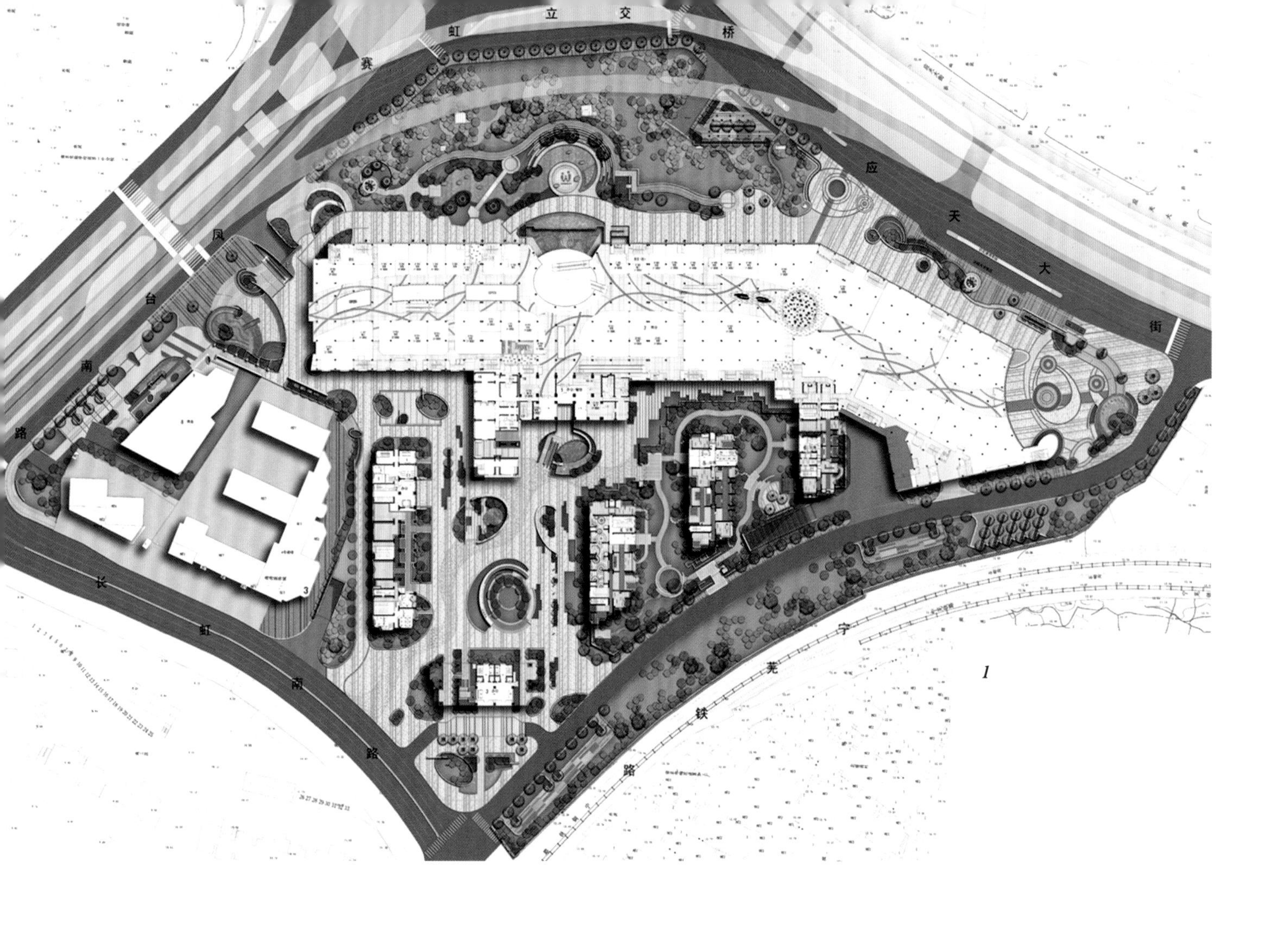

1. 项目概况 */PROJECT OVERVIEW*

南京虹悦城是一个集购物、餐饮、休闲、娱乐、商务、居家为一体的大型购物中心。在此项目背景下，“新的景观尺度”是对这个项目给出的一项挑战，也是一次创新。在设计过程中，我们从商业的角度出发，为购物中心提供了美好的景观环境，营造出浓厚的商业氛围，使人群、景观、商业有了很好地互动，为经营创造了巨大的价值。

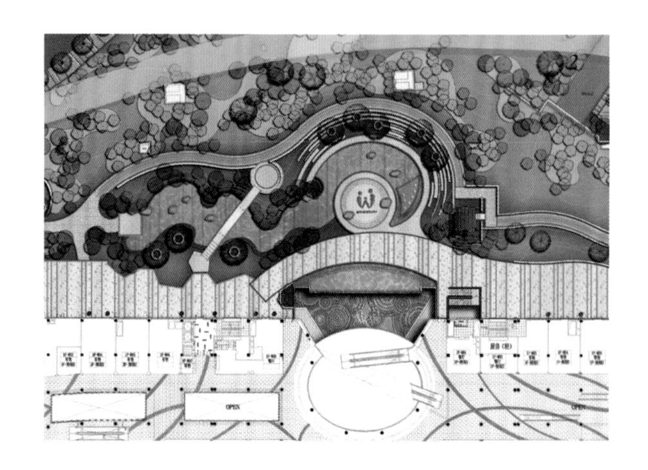

1 广场平面图
2 细化效果图

3

4

2. 设计理念
/DESIGN CONCEPT

“立体的设计”是该项目景观设计的重点，因现场高差多变，建筑功能不同，景观将不同的建筑入口有机地联合，有利于商业经营。设计手法的统一是该项目的特色，弧形的造型连贯于整个场地，弧形元素通过该项目标志中“彩虹”的造型引伸开来，配合整个项目的形象定位。

5

3 休憩空间实景
4 项目主广场实景
5 灵动的弧线引伸视线
6 弧形水景空间

虹悦城
WONDERCITY

3. 艺术手法
/*ARTISTRY*

大尺度的弧线构图，通过水景、绿化、铺装设计出不同的景观场景。东部都市型景观的商业主入口，有效聚焦视线，引导商业人流；北侧的丘陵状小山景观，有效遮挡高架桥对商区的影响，创造自然的空间，极富亲和力且使人身心愉悦；西面的月弧水景广场，绚丽灯光及音效丰富、宽阔的多功能场地等，营造出聚集人气的自然景观和休闲娱乐环境；南部的高端酒店式公寓，既是中庭又是广场的双效性景观，为商业提供了便捷的引导，同时也为商务办公提供了交流的场所。

7 与主体建筑相映成趣的大尺度弧形景观
8、9 弧形水体景观

4 . 技术措施 /TECHNICAL APPROACH

（1）水景创新：商业中庭北侧的大型水景，采用弧线形式大胆创新，在 6.6m×28 m 这样一个大展面上，通过不同半径的圆弧，在立体、平面上进行铺排，设计出一个独一无二的大型水景。

（2）大树移植：由于某些树木具有特殊要求，要对土壤进行处理，如掺砂、杀菌等，故对于树木的根部也要进行灭菌处理，以防止根部伤口腐烂影响成活。

（3）土方的控制：根据设计图纸，估计土方的变化率和下沉量，计算出土方开挖量和运出量；设定机械、运输车辆的进出路线、挖土的顺序，机械挖土尽量避免在雨天进行。

10 自然原木廊架
11 弧形空间细节
12 大面积高差变化
13 丰富的水景植物组团

11

12

5 . 项目总结
/PROJECT SUMMARY

南京虹悦城与其他项目最大的不同在于其浓郁的商业氛围，通过较大的弧线造型营造简洁、干练的现代风格景观。开阔的广场为游人提供了交流的空间，整个场地的高差多变，通过景观将场地更加协调地连贯起来，形成有机的整体。在施工组织上，协调设计与场地之间的关系，提前安排物料的进场顺序和用量，应用新的材料和技术，确保项目的整体景观效果。

13

泰达格调艺术领地

TEDA STYLE' REGION OF ART

建设单位：泰达集团

建设地点：天津市

设计单位：普邦园林规划设计院

主要设计人员：叶劲枫、黎敏瑜、杜蔼恒、范学明、董志威、游林、黄志华、程秋钿、廖学燕、张志荣、彭昭、林洽砖、刘振波

1. 项目概况 /PROJECT OVERVIEW

泰达格调艺术领地为全高层住宅项目，位居北中环内居住区南口路沿线，西北向有普济河道，南面有西沽公园，东侧即将兴建天津创业产业园区。项目以“创意、时尚、年轻”为设计主题，定位为“新构想动感花园”，希望把动感艺术文化和绿色园林之韵融入项目之中，让置身烦嚣闹市中的都市人回归绿色朝气的生活，拥有属于自己心灵和生活的一片艺术人文家园。

1 景观模型鸟瞰
2 蔷薇红景观廊架手绘效果图

2. 设计理念
/*DESIGN CONCEPT*

项目的设计以现代风格为主、自然风格为辅，大胆创新，充分考虑场地的条件，形成了具有较强艺术风格的景观形式。植物景观方面，利用不同树种的特性形成特色的植物景观区域，如“竹韵花园”主要以种植早园竹为主，“草格花园”则是以五角枫为主；铺装方面，利用导向性的铺装设计，起到较强的引导作用，镶嵌式的分隔墙则体现了构成主义。自然式的假山驳岸和蜿蜒曲折的道路穿插在具有现代极简风格的景观中，给人以古今并蓄之感。

3 格调艺术主体雕塑
4 创意花园小景

4

5、6 休憩空间手绘表现

7 别具一格的折线水体景观

3. 艺术手法 /*ARTISTRY*

8 造型帅气的景观桥

9 翠亭饮绿

园中运用结构、折线、叠加及集合等手法组织空间，在硬景上体现高低层次的变化，软景上体现疏密空间的转换，营造出密林绿意中的动感及丰富、高品质的安居环境。大胆、创新地利用架空步道，构成半下沉中心花园的立体空间、立体视角、立体交通、立体绿化。各个组团都形成独特的现代空间感受，园林构筑物形式多样，自由新颖，凸显创意、优雅、灵动的艺术气息。总的来说，天津泰达格调艺术领地在园林设计手法、空间节点、单体设计上，都开拓出创新的设计思维，探索出新的设计手法和施工工艺，并应用了新型材料。

8

9

10

4．技术措施 /*TECHNICAL APPROACH*

（1）项目的西区没有地下车库，无须设置满布式排水层，节约了工程成本。

（2）乔木选择以壮年乡土树种为主，避免使用过多的名木古树。

（3）硬质铺装材料以当地石材规格板为主，重视材料肌理的搭配，减少繁杂的切割工序。

（4）重视绿化配置的艺术效果，避免堆砌大型硬质构件。

10 错落有致、因地制宜的高差处理
11、12 创意十足的景观外饰

13 园路效果示意图
14 丰富的植物景观
15~17 别致有趣的景观细节

5 . 项目总结
/PROJECT SUMMARY

泰达格调艺术领地从目标定位、风格档次、地理特点等各方面考虑，以艺术、创意为设计灵感，填补了公司在创意艺术类项目的空白。该项目在园林设计手法、空间节点、单体设计上，都开拓出创新的设计思维，探索出新的设计手法和施工工艺，并应用了新型材料，最终呈现出令人眼前一亮的景观效果。从设计构思到施工实施，我们从中收获了宝贵经验，为未来产业的延伸和产品的创新起到了十分重要的指导作用。

15

13

14

16

17

“04

保利紫晶山

POLY CRYSTAL HILL

”

广东省“园林绿化优良样板工程”金奖

建设单位：保利地产

建设地点：江苏南京

建设规模：2 万平方米

施工单位：普邦园林武汉分公司

主要施工人员：欧阳志强、梁安询、黄祖森、夏鹏、卢永强、梅程、周东、杜子军

1. 项目概况
/PROJECT OVERVIEW

保利紫晶山项目位于南京市栖霞区马群紫金山东麓，地块呈西高东低的自然地形，是一个低密度的别墅和花园洋房产品。项目以绿化为主要景观，营造天然氧吧的宜居环境，施工运用高绿地率和绿视率手段，创造和谐的宜居氛围。建筑汲取了西方新古典主义的设计理念，采用了乔治王时代的风格，花园洋房则采用了 Art Deco 风格，是经典与历史的结合。

1 异域风情的空间营造
2 独具线条感的景观布局

3

2. 设计理念
/DESIGN CONCEPT

项目突出了人与自然的祥和之美，景观凸显了生态、文化的理念。大量运用地形变化以及特色植物组团，从而达到最佳的滞尘、降温、增加湿度、净化空气等目的，同时也满足了住户休闲娱乐、强身健体的要求，充分体现了景观的均好性、独特性、协调性和时代性。

3 项目入口景观
4 春意夹道

3. 艺术手法
/ARTISTRY

经设计考量，在植物配置上，以适地适树为原则，同时注重园林植物多样性，最大程度地丰富项目的植物种类。植物群落配植层次丰富，季相变化分明，乔木、灌木、地被搭配有致，经过精心种植，达到四季常绿、四季有花的效果。丰富的色彩和季相变化，加上芳香植物的点缀，景观效果令人耳目一新。园林建筑小品施工精巧，工艺细腻，既美化环境，又很别致；艺术铺装讲究做工精细，功能明确；雕塑艺术品造型别致，富有情趣；异型部位、接口部位处理得当到位。

5 异国情调小径
6 花木扶疏的水景塑石

6

4 . 技术措施
/*TECHNICAL APPROACH*

（1）保证苗木成活率：对移植树木的根部喷施生根粉，对已过最佳移植期而栽植的苗木，除了以上措施外，还对树体以及叶片喷洒蒸腾抑制剂以保持树体内的水分平衡，从而提高成活率。

（2）水景的防漏处理：采用软性防水材料处理技术，同时将绿色水生植物引入到水池中来，利用新型材料和防水工艺进行水系的防渗、防漏。

7 会所前阶梯铺装

8 原木廊桥与静水塑石

8

9

5 . 项目总结
/PROJECT SUMMARY

总体施工依据景观绿化施工图开展，结合现场实际情况，由甲方、设计方对部分地块苗木种植做出了相应的调整。种植品种主要有香樟、红枫、桂花等，产生错落有致、层次丰富的组团式植物结构，呈现步移景异的景观效果。目前，园区内的植物生长旺盛，乔木、灌木、地被植物层次分明，园路完好整洁，不仅达到了建设初期提出的“建精品，树形象”的目标，而且为公司同类施工积累了经验，赢得了甲方以及住户的高度评价。

9、10 高枫明媚红满堂

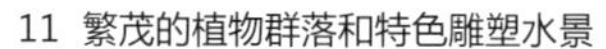
11 繁茂的植物群落和特色雕塑水景

"05

中南世纪花城

ZHONGNAN CENTURY GARDEN

"

建设单位：中南集团

建设地点：江苏南通

建设规模：1.9 万平方米

施工单位：普邦园林上海分公司

主要施工人员：蔡正殿、曾志平、杜锐、钟军、张恒、周建、胡玲

1 项目鸟瞰效果图

2 项目远眺效果图

1. 项目概况
/PROJECT OVERVIEW

中南世纪花城位于南通市新城核心区，在市政府东侧，北临世纪大道，南隔崇川路，西临通沪大道，与南通大学相对，密度低、绿化率高。项目采用西班牙风格的鲜明建筑语言，空间上以中心泳池为重点，高低错落、大气磅礴。四周以绿化为主体形成自然隔离带，很好地呼应了小区住宅配套设施注重的美观性及实用性。园区内部景观资源丰富，整个小区内的景观以组团设计为主，其中水系资源占比较大。

2. 设计理念
/DESIGN CONCEPT

本项目中，自然生态的理念一直贯穿始终，体现了尊重自然而不仅仅是改造自然的现代思想，追求人造环境与自然环境的密切结合，相互呼应，相得益彰。植物配置遵循适地适树的原则，充分考虑与建筑风格的文化相融，兼顾多样性和季节性，进行多层次、多品种搭配，分别组合成特色各异的群落。整体上有疏有密、有高有低，力求在色彩变化和空间组织上都取得良好的效果。

3. 艺术手法
/ARTISTRY

项目采用组团景观带配搭西班牙皇家园林的手法及西班牙特色小品，运用不同的造景手法和四季植物配置来突出每幢建筑的个性特征，营造出层次丰富、意境深远的空间景观效果。施工工艺严格按照标准化、节约化、美观化的要求来创造精品，尽量做到将风景还给每一个窗台，也将看风景的人置身于每个窗台的风景中。

3 欢乐泳池鸟瞰

3

4 . 技术措施
/*TECHNICAL APPROACH*

（1）设计深化与绿化种植关系的协调：该项目施工的最大难点在于设计深化与绿化种植方面，既需要协调设计图纸、施工现场的实际情况，亦需配合市场苗木资源整合；在考虑最终施工成本的前提下，还需注意植物的造型及植物品种的多样性问题。在施工过程中，要求做到时刻与甲方及设计方沟通交流，做到及时修改施工。

（2）大树移植：在大树移植时，做到随挖、随运、随栽，尽量缩短起挖到栽植之间的时间，保护好土球。栽植培土要分层夯实，并做好树盘，便于浇水。

（3）水系的防水：水系的防水处理采用复合土工膜，由于水系较大，接缝多，对复合土工膜要进行焊接处理，力求达到最佳效果。

4 泳池特色马赛克铺装
5 大面积园林水景

5 . 项目总结
/PROJECT SUMMARY

在生态环保日益倡导的今天，绿色植物在居住环境中的重要性更加明显，花、草合理配置的复层生态群落也愈被重视。小区的边界选用降噪、抗污染的树种，并在植物配置上注重与周边环境相协调。项目在设计上充分融入国内外先进的环境艺术手法，通过低密度、高绿化率的社区规划，为住户们提供了清新、优雅、健康、舒适的人居环境。

5

“06

中骏天峰

SCE THE REGENT

”

建设单位：中骏置业

建设地点：福建厦门

建设规模：2 万平方米

深化设计单位：普邦园林规划设计院

主要深化设计人员：冯广森　朱燕敏　袁徐安　宋艳玲　林沧砖　吴迎　李东　郑乐通

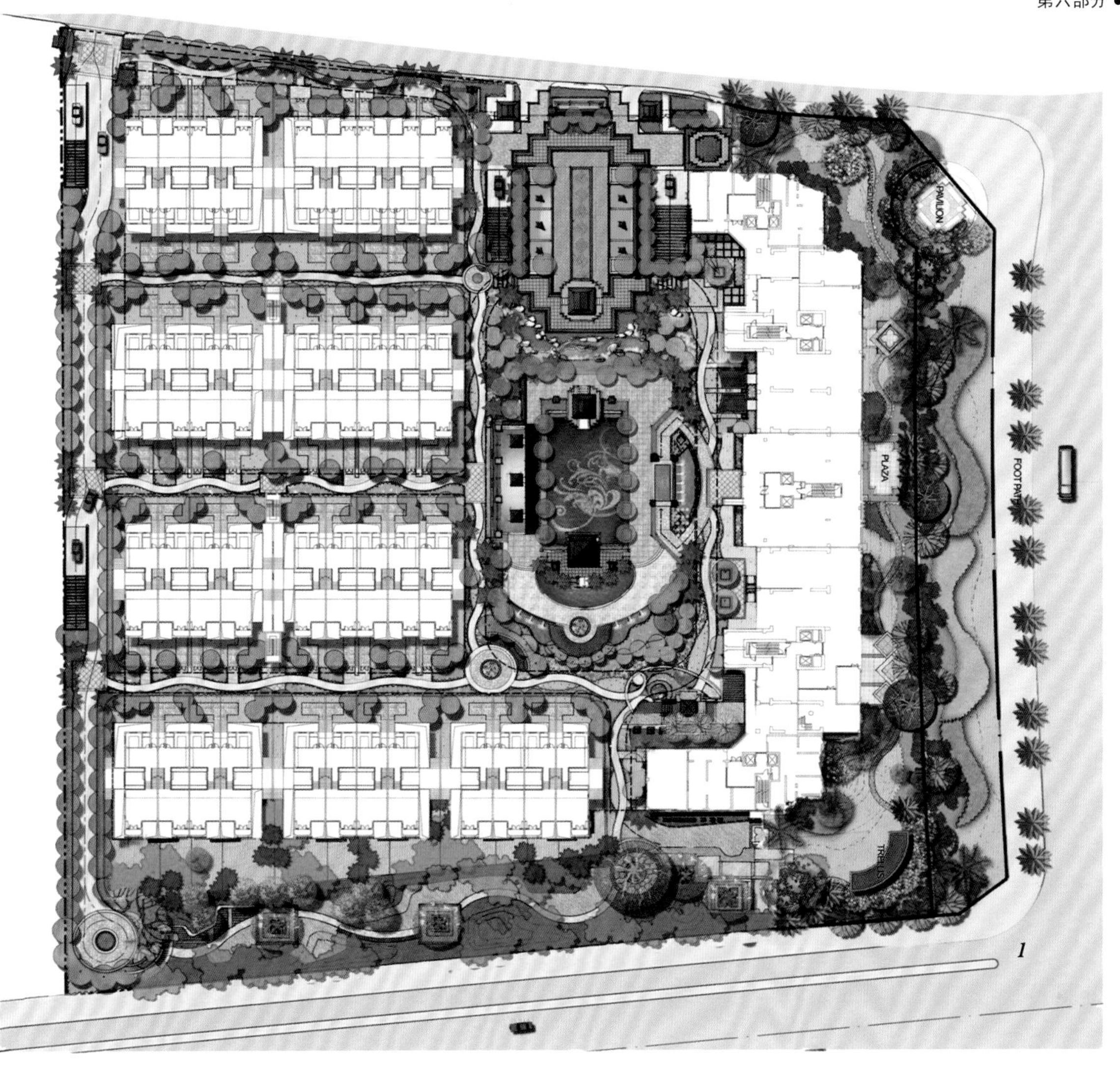

1 总平面图

1. 项目概况
/PROJECT OVERVIEW

项目位于厦门海沧大道与角嵩路交叉口西北侧，属于亚热带季风气候区域，温和多雨，年平均气温在 21℃左右，冬无严寒，夏无酷暑。年平均降雨量 1200mm 左右，每年 5—8 月雨量最多。由于太平洋温差气流的关系，台风多集中在 7—9 月。

项目建设用地 2.5 万平方米，坐拥 5.8km 海岸线第一排，北临百万平方米未来湖，东与繁华的鹭江道一水之隔。本项目景观采用皇家泰式园林风格，主要景观区位于园区的中心地带，运用了泰式园林中典型的凉亭、雕塑、植物景观灯等元素，整个区域面积小、园林建筑多、景观层次丰富，营造出一种休闲而又高雅的生活境域。

2

3

4

2. 设计理念
/DESIGN CONCEPT

项目的设计借鉴了泰式皇家园林造园手法，属于新古典主义风格，既有南方的清秀、典雅，又有北方的雄浑与质朴；既有北方居民喜欢的私密格局，又有江南地区灵动的艺术风格。豪华的皇家园林风格中，瑞象、金壁与水榭、曲廊相映成趣，其景观以浓郁的泰式风情营造出与众不同的内环境，柔化了建筑硬朗的线条，凸显的是一种高贵的品质，彰显着一种松弛、安逸如世外桃源般的生活方式和居住理念。

2 入口花园景观鸟瞰
3、4 泰式皇家园林元素的巧妙融合
5 具有层次感的鲜艳时花装点园路

3. 艺术手法
/ARTISTRY

中骏天峰项目融入了泰式园林传统的构景要素，以佛教题材雕塑、植物题材花器、泰式凉亭以及茂盛的热带植物为主。在色彩上，追求自然的原木色，且大多为褐色等深色调，代表了回归自然的质朴情怀。植物配置上凸显热带风情，以大型的棕榈树和攀援植物为代表，其形态极富热带风情，高低错落的植物与亭台相搭配， 独具情趣。

6 风和日暖的异域风格庭院
7、8 泰式景观小品的合理运用

4. 技术措施
/TECHNICAL APPROACH

（1）地库顶板荷载技术：根据景观要求，在地下车库顶板上营造地形，既要有景观效果，又要符合荷载要求。因此，采用轻质陶粒和不易降解的废塑料泡沫作为堆坡的填充材料，减少荷载，既环保又节约成本。

（2）根据实际场地，优化设计。由于最初甲方提供的场地内外标高与施工时测量的实际标高出入太大，导致外围墙必须采用跌级处理；设计时，没有结合管网线、车库顶板条件充分考虑，导致出现水景池底标高比车库顶板要低的情况。为此，我们积极配合甲方工作，通过把外围墙全部标示出来清晰表达层级处理关系、把水景整体抬高减少跌水层数等方法，重新设计了一整套蓝图，最终顺利完成了场地的工程任务。

9

10

9 项目泳池透视实景
10 碧波共长天一色
11 充满禅意的园林小景

11

5 . 项目总结
/PROJECT SUMMARY

项目定位是高价楼盘，甲方投资大，要求营造出精品、高档感。在施工过程中，我们积极与甲方沟通，对于图纸中与实际场地不符的部分及时提出改进方案；厘清关系，减少施工队因图纸混乱造成犯错的概率，得到了甲方的高度评价及认可。建成的中骏天峰已形成简洁明快、水景相容、富有生态高雅感、悠然安逸的绿色社区空间，为住户提供了放松身心的居住区环境。

12 热带植物掩映下的泰式建筑物
13 惟妙惟肖的景观雕塑

保利高尔夫郡

POLY GOLF SHIRE

建设单位：保利地产

建设地点：广东广州

建设规模：23.2 万平方米

设计单位：普邦园林规划设计院

主要设计人员：刘俊辉、罗熙、黄慧亮、何斌、植荔荔、冯文意、廖天佑、江雪鸿黎、绮璇、庞慧君、叶莹、邓小玲、吴迎、林洽砖

1 总平面图

2 景观水系布局效果图

1. 项目概况
/PROJECT OVERVIEW

保利高尔夫郡位于广州市花都区风神大道与花港大道的路口处，占地面积 23.2 公顷，建筑面积 39.5 万平方米，紧邻规划中的新体育馆旁，以高尔夫球场和原生山林为核心，洋房全部点式布局 ,容积率大约为 1.15。小区的设计风格以装饰派艺术为主，通过自然的优美线条来表现生态自然的设计理念，将东西方的景观元素和构成手法进行对接，构建生态休憩与多元文化并存的宜人住区。

3

4

2. 设计理念
/DESIGN CONCEPT

项目设计坚持“自然与艺术融合”的原则，以装饰艺术风格的设计手法，将自然景观与具有强烈艺术品味的人工景观结合，创造人与自然和谐之美。注重“中西合璧、多元共生”，将中国传统的造景元素与西方的文化典故元素相结合，营造东方与西方、传统与现代兼容并蓄的文化小区。坚持“生态优先”的设计理念，以自然山水和丰富的植被为主，营造怡人的自然生态住区景观。

3. 艺术手法
/ARTISTRY

（1）结合小区的园林空间营造聚会、休息、健身、游赏等多种形态的功能场所，满足小区不同人群的生活需求，创造丰富的生活体验。

（2）以植物造景为主，充分利用本土植物及相同气候带的植物资源，营造形态多样、具有丰富季相变化的植物景观空间。

（3）本着“适地适树，四季有花”的原则，模拟自然的生态群落，按照上、中、下三层进行植物设计。同时在植物群落的空间围合形态上，注重人在不同空间场所中的心理体验与感受的变化，从林荫小径到树阵广场，再到缓坡草地，形成疏密、明暗、动静对比，创造出具有生命活力的多元感悟空间。

5

3 植物掩映下的入口标志
4 泳池底部铺装实景
5 模拟自然的上、中、下层生态群落设计

4. 技术措施
/TECHNICAL APPROACH

（1）防泛碱：项目具有较大面积的水景，一般将水泥作为粘合剂会产生泛碱的现象，非常影响水景整体效果。通过注入干挂胶的方法代替原有的水泥粘贴，防泛碱效果良好。

（2）苗木的种植及养护：在苗木的栽植上利用二次排水技术、ABT 生根粉以及树穴土改良技术等，保证苗木的成活率。在种植的时候，用 30% 的泥炭混合本土回填土穴，同时用锹拍实、浇透水，再用支撑固定，大树还要用长支撑架固定，并盖上遮阳网，确保苗木恢复长势的时间缩短。

（3）按照植物的季相进行配置，形成四季有花的景观效果，丰富了空间的景观层次。

6 三层大型跌水装置
7 和风暖日春光闹
8 绿影婆娑映碧波

7

8

5.项目总结
/PROJECT SUMMARY

该项目以高尔夫球场作为场地背景，创造出生态自然的景观环境。在设计上引入西方规则化和图形化的文化理念，运用多种几何图形组合布局，使得全园的空间结构错落有致而又韵律十足。在工程管理上精益求精，边施工边调整设计方案，取得了人与自然的和谐统一。小区内的园林小品精致美观，园路蜿蜒顺畅，草坪开敞大气，植物配置丰富，生长茂盛。水系清澈如画，秀美灵动，生态效果明显。

9 安静祥和的园中小径
10 树影斑驳的圆形广场

公司资质与荣誉

专业实力，载誉前行

企业资质

城市园林绿化一级
市政公用工程施工总承包三级
风景园林工程设计专项甲级
环保工程专业承包一级
园林古建筑工程专业承包三级
建筑行业甲级
市政行业专业乙级
城市规划编制丙级
环境艺术企业一级证书

企业荣誉

高新技术企业

中国园林十强企业

中国城市园林绿化综合竞争力百强企业

全国十佳园林养护企业

全国城市园林绿化企业 50 强

全国大学生就业最佳企业 100 强及行业就业最佳企业

连续十一年广东省守合同重信用企业

广东省 20 强优秀园林企业

广东省创新型企业

广东省民营企业创新产业化示范基地

广州市创新型企业

QUALIFICATION & HONOR

公司近年奖项荣誉

追求卓越·载誉前行

创造人与自然和谐之美

公司以促进我国绿色生态文明和风景园林事业的发展为己任，以资深的管理精英和一流的技术人才团队、良好的品牌影响力和技术研发能力构建可持续发展的核心竞争力，为客户提供优质的园林景观精品，力争成为行业的标杆，以优异的经营业绩回馈股东和社会。

公司成立 20 年来，秉承“创造人与自然和谐之美”的经营理念，坚持以追求卓越和绿色环保为经营导向，在住宅园林、公共园林、旅游度假区等项目上取得了一定的成绩，其中获得全国性奖项的主要有：

“广州长隆酒店二期园林绿化工程”获中国风景园林学会“优秀园林绿化工程”大金奖，“南宁公园大地”“青岛万科小镇”获中国风景园林学会“优秀园林绿化工程”金奖，“佛山中海金沙湾西区”“天津格调春天花园”和“广州越秀岭南山畔”均获中国土木工程詹天佑奖优秀住宅小区金奖。

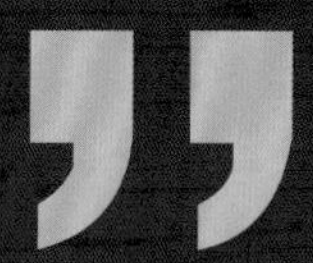

2015年

福州融侨江南水都6B项目A标段景观工程

——中国风景园林学会优秀园林工程金奖

珠海长隆海洋王国绿化园林工程

——中国风景园林学会优秀园林工程金奖

富力红树湾湿地公园园林景观设计工程

——中国风景园林学会优秀风景园林规划设计三等奖

珠海海洋王国园林景观设计工程

——中国风景园林学会优秀风景园林规划设计三等奖

阳江保利银滩景观设计

——中国风景园林学会优秀风景园林规划设计三等奖

2014年

中信龙虎滩度假村度假公寓环境绿化与生态建设工程

—— 广东省风景园林优良样板工程金奖

无锡富力十号售楼处及展示区园林生态建设工程

—— 广东省风景园林优良样板工程金奖—居住小区

海南雅居乐A08区莱佛士酒店（一、二、三标段）

—— 广东省风景园林优良样板工程金奖—居住小区

东莞市中信御园绿化养护工程

—— 广东省风景园林优良样板工程金奖—绿化养护工程

阳江保利•银滩景观设计

—— 广州市优秀工程勘察设计奖一等奖

三水高富御江南景观设计

—— 广州市优秀工程勘察设计奖一等奖

2013年

南宁公园大地B区一、二期园林景观工程

——中国风景园林学会优秀园林工程奖金奖

青岛万科青岛小镇项目示范区

——中国风景园林学会优秀园林工程奖金奖

第九届中国（北京）国际园林博览会

广东岭南园（园林建筑）工程

——第九届中国（北京）国际园林博览会室外展览综合奖大奖、室外展园施工（单项）奖大奖

2012年

南宁市盛天华府一、二期环境景观工程

—— 中国风景园林学会优秀园林绿化工程金奖

北京东燕郊意华广场二期及商业街园林绿化工程

—— 中国风景园林学会优秀园林绿化工程金奖

2011年

重庆市融汇国际温泉城温泉中心主楼室外景观工程

—— 中国风景园林学会优秀园林绿化工程金奖

汕头嘉盛豪庭华南住宅一期园林绿化工程

—— 中国风景园林学会优秀园林绿化工程金奖

武汉市新长江香榭琴台园林绿化工程

—— 中国风景园林学会优秀园林绿化工程金奖

2010年

广州长隆酒店二期

—— 中国风景园林学会优秀园林绿化工程奖大金奖

柳州盛天龙湾

—— 中国风景园林学会优秀园林绿化工程奖金奖

2009年

武汉东湖天下住宅小区园林景观工程

—— 中国风景园林学会优秀园林绿化工程金奖

2008年

天津格调春天花园

—— 詹天佑大奖优秀住宅小区金奖

2003年

佛山丽日豪庭

—— 第三届詹天佑土木工程大奖

2001年

“东山凝彩”主题公园

—— 第四届中国国际花卉博览会综合大奖，五项分项银奖

图书在版编目（CIP）数据

创造人与自然和谐之美 ： 普邦园林作品集. III / 广州普邦园林股份有限公司编著. -- 南京 ： 江苏凤凰科学技术出版社, 2017.3
ISBN 978-7-5537-7885-3

Ⅰ. ①创… Ⅱ. ①广… Ⅲ. ①园林设计－中国－图集 Ⅳ. ①TU986.2-64

中国版本图书馆CIP数据核字(2017)第009925号

创造人与自然和谐之美 普邦园林作品集 Ⅲ

编 者 广州普邦园林股份有限公司
项目策划 凤凰空间 / 段建姣
责任编辑 刘屹立
特约编辑 段建姣

出版发行 凤凰出版传媒股份有限公司
江苏凤凰科学技术出版社
出版社地址 南京市湖南路1号A楼，邮编：210009
出版社网址 http://www.pspress.cn
总 经 销 天津凤凰空间文化传媒有限公司
总经销网址 http://www.ifengspace.cn
经 销 全国新华书店
印 刷 上海利丰雅高印刷有限公司

开 本 965 mm×1 270 mm 1 / 16
印 张 23
字 数 200 000
版 次 2017年3月第1版
印 次 2017年3月第1次印刷

标准书号 ISBN 978-7-5537-7885-3
定 价 368.00元（精）